地震は必ず予測できる！

村井俊治
Murai Shunji

a pilot of wisdom

目次

第二章　日本列島はどこもかしこも歪んでいる――75

最近の日本の隆起・沈降の傾向
震災で一一〇センチも沈降した宮城県
山形・秋田は一度隆起して沈降へ
青森と連動している北海道
ドカンと沈んで隆起している茨城県も要注意
愛媛は大洲に注目、兵庫は淡路島の西淡が急激に隆起・沈降
鹿児島県串木野の異常隆起は桜島噴火の前兆
日本で一番動いているのは硫黄島
不気味に隆起を続ける富士山、東京もゆっくり隆起
限定されたところだけ見ていると足をすくわれる！

第三章　「予知」は無理でも「予測」はできる――

地球はグローバルに動いている
津波はジェット機並みの速度で到達する
日本とハワイは毎年六センチずつ近づいている！

構成／宮内千和子
取材協力・図版データ提供／(株)地震科学探査機構（JESEA）
図版作成／クリエイティブメッセンジャー

序章　なぜあのとき「予測」を公表できなかったのか

――三・一一への悔恨

不吉な予測が現実に

二〇一一（平成二三）年三月一一日に発生した東北地方太平洋沖地震（東日本大震災）は、マグニチュード9・0という日本周辺の観測史上最大の地震であり、それに伴って発生した巨大な津波によって、死者・行方不明者合わせて二万人以上の方が犠牲になった。そして原発事故も重なって、いまも数十万人もの人々が故郷を追われ避難生活を余儀なくされている。

この東日本大震災のあまりに大きな犠牲を思うたびに、私はどうしようもない悔恨の気持ちでいっぱいになる。時を巻き戻せるものなら地震の起きる前に戻って、巨大地震が起こる可能性を私たちが予測していたことを、どんな手段を使っても発信したい。発信するべきであった、と後悔の念に駆られるのである。

じつは、大地震のひと月ほど前から、東北地方の地表が異様な変動を見せていることに私は気づいていた。とくに五週間前には、牡鹿《おしか》半島付近で通常から乖離《かいり》した前兆現象が観測されていたのである。それだけではない。三月一一日の半年も前から太平洋側の地盤が次々と隆起・沈降するという前兆現象が出ており、数カ月以内に大きな地震が発生するのではないかという予測はできたのだ。

しかし、それは公表されなかった。いや、できなかった。私がアドバイザーをしていた会社の親会社の意向もあった。特定のある地域で近々に巨大な地震が発生するなどと公表しようものなら、大変なパニックが起きてしまう。また、そんなことを公表して、その予測が外れたら、会社の信用が失墜するばかりでなく、とんだ恥さらしになる。下手に公表すれば責任を問われて裁判沙汰《ざた》にもなりかねないと、固く公表を禁じられたのだ。

それに加えて当時、お役所からも、国家的な権威のないもの、つまりは我々のような民間人や一学者が、軽々に社会を混乱させるような地震の予知や予測に関する情報を流してはいけないという注意も受けていた。事なかれ主義のきわめてお役所的な判断だと思いつつ、私も公表した場合のリスクの大きさに納得し、予測を公表しないことに同意したのだった。

だが、その私の選択は大きな間違いであった。あの巨大地震の起きた直後、私はそれを痛感させられたのだ。

パニックが起きようと、人々に地震予測の情報が伝わっていれば、あれほどの犠牲を出さずに済んだのではないか。保身のために公表しなかったことこそ、学者としての恥であろう。自分は何のためにいままで地震予測の研究を続けてきたのかと、私は悩み、自問自答を重ねた。

そして、こんなことは二度とあってはならないと思った。名誉を失っても、恥をかいても、やはり異常は異常だと公表すべきだったのだ。たとえ予測が外れて、私が恥をかいたとしても、それで人が死ぬことはない。己の研究の未熟さを反省すればいいだけのことだ。そんなリスクは取るに足らぬことなのだ。

同じ過ちは繰り返さない

巨大地震の前兆をとらえていたのに、それを公表しなかった――。三・一一のその大きな後悔から、私は決意した。どんな壁があろうと、これからは人々のために少しでも前向きな地震予測をしていこうと。

私は地震学の専門家ではない。私はもともと測量工学の学者で、地震学に関しては門外漢であった。そんな私がなぜ地震予測などという畑違いの学問に携わることになったのかについては、次の章で詳しく語ることにしよう。

最初にお断りしておきたいのは、私が携わっている地震予測の方法論は、従来、地震学者がやってきたものとはまったく異なるということだ。

私が地震予測のベースにしているのは、GPSデータである。GPSに関しては、いまやスマホやカーナビでお馴染《なじ》みだろう。位置情報を人工衛星に送信して測定するシステムのことだ。このGPSデータを測定するために、国土地理院は全国約一三〇〇カ所に「電子基準点」を設置している。GPSはアメリカの衛星測位をいい、ロシアのGLONASSなども含めていまは一般名称としてGNSS（グローバル・ナビゲーション・サテライト・システム）が使われている。しかしここでは、一般の人に馴染みが深いGPSという名称を使うことにする。

電子基準点がどういうものかは詳しく後述するが、我々が考え出した方法は、この電子基準点から送信される位置情報から、「地殻の微小な変動」を読み解き、分析して、地震発生の危険度を予測するものだ。

私のこの研究に関しては、これまで長いあいだ、「本来の地震学から外れている」「占いのようなものだ」などと言われ、無視され続けてきた。

しかし、そんな逆風の中にあっても、私がこの研究を続け、二〇一三（平成二五）年二月に民間での予測サービスに踏み出したのは、学者としての信念もあるが、ひとえに三・一一のときのような、同じ過ちは繰り返すまいという思いからである。GPSデータを使った地震予測の研究が具体的な活動として実を結んだのが、株式会社地震科学探査機構（JESEA）で行っている登録会員向けのメールマガジン「週刊MEGA地震予測」の提供である。私は現在、JESEAの顧問として活動している。

皆さんは普段の生活でさほど意識していないかもしれないが、地球の表面は常に動き続けている。地球というのは驚くほど軟らかく、これまでも、隆起・沈降や地殻変動を繰り返してきており、内部の構造を単純に説明するのはまことに難しいものである。地震学者でさえ手を焼き、ときに白旗を掲げた地震予測の分野に、私は新しい工学的なアプローチから挑戦し、いままでにない成果を手にすることができた。

いままでにない地震予測へのアプローチ

もちろん、その方法はまだ改善の途上にある。しかし、予測サービスのメルマガ配信を開始して以来、すでにいくつもの地震の予兆を察知し、直前の予測に成功している。

二〇一四（平成二六）年一月から起きた震度5以上の地震はほぼ予測できた。それが週刊誌やテレビなどで取り上げられ、私はいくつかのメディアに登場することになった。

二〇一四年三月九日に出演した情報番組で、これから地震の危険性が高い地域はどこかと訊《き》かれたので、私は二〇一三年九月から四国の瀬戸内海沿岸を中心に激しい変動が見られるというデータを挙げ、「南海地方で三月末までに大きな地震が来ます」と言い切った。そう答えた五日後の三月一四日に、最大震度5強の伊予灘《いよなだ》地震が起きたのである。

同様に、同年のゴールデンウィーク五月五日、東京を直撃した地震（震源は伊豆大島近海だが、東京・千代田区で震度5弱を記録）に関しても、メルマガで予測し、メディアに取り上げられることになった。

メディアでの取り上げられ方は、「村井教授の予測が当たった」「マグニチュード6以上の地震はすべて的中！」といった、人々の耳目を集めるセンセーショナルな扱いで、私としてはいたく気恥ずかしい思いをした。予測が当たったか外れたかについてはそれほどこだわるつもりはない。私は、地表にある電子基準点の数値の科学的な分析を行い、そのデータに基づき地震の可能性を指摘したにすぎないからだ。ただ、いかにタイトルがセンセーショナルでも、多くの人の目に触れなければ、私の研究内容も伝わらない。そう割り切って、メディアに登場する機会があれば自説を唱えてきた。

有難いことに、こうして話題になったおかげで本書を出す機会にも恵まれた。電子基準点を使った地震予測は、新しく有効なアプローチとして確立されつつある。本書では、ここに至るまでの経緯や、私たちが観測分析している地震予測のメカニズムについて、できるだけ分かりやすくお伝えできればと思う。

御嶽山《おんたけさん》噴火の教訓を踏まえて

本書の原稿が進行中の二〇一四（平成二六）年九月二七日午前一一時五二分ごろに、岐阜県と長野県の県境にある御嶽山が噴火し、火山の噴火による災害としては戦後最大の犠牲者が出てしまった。登山日和の休日が一瞬にして悪夢に変わったのである。犠牲者の方々には心から哀悼の意を表したい。

噴火当日も「平常レベル1」を出し、火山噴火を警告できなかった気象庁には、「なぜ予知できなかったのか」という人々からの批判が集中した。「予知は難しかった」と気象庁の責任者の答弁が繰り返されたが、確かにピンポイントでの噴火予知は難しいだろう。地震も火山噴火も、それを予知するのは一筋縄ではいかない。「無理だった」と気象庁が白旗を掲げたのも無理からぬことだ。

しかし、この当時、JESEAでは一貫して飛騨《ひだ》地方・甲信越地方に対して「要注意」「要警戒」を呼びかけていた。しかも御嶽山噴火の直前に配信したメルマガのコラム「地震一口メモ」では、御嶽山噴火の歴史の特集をしていながら、我々はむしろ浅間山のほうに注意を向け、残念ながら御嶽山噴火の予測には至らなかった。

詳しくは第二章で触れるが、後追いで検証してみれば、御嶽山の火山噴火の前兆と考えられる異常変動が、二〇一四年の二月と六月に観測されていたのだ。加えて、不気味に続いていた飛騨地方の群発地震も、異変の前兆ととらえていた。

地表の異常変動をどう読み解き、正確な予測を出すか。その意味では、私たちの研究・

活動はまだ改善の途上にある。それを踏まえたうえで、謙虚に、そして勇気を持って情報発信を続けていきたいと思う。

私の胸にいつもあるのは、地震大国で暮らす日本の人々に、情報と賢く付き合って、いざというときパニックにならない心の準備をしてほしい、という願いである。

あの三・一一のような悲劇を二度と繰り返さないために——。

第一章　三・一一前から観測されていた前兆現象

なぜ門外漢が「地震予測」に取り組むのか

序章で、私は三・一一の震災の半年前から、異常を観測し、大きな地震が起きる前兆を察知していたと書いた。その不吉な前兆現象が、最悪の形で現実のものとなってしまった。地震の前の異常な変動、つまりその前兆がどのように起きていたかを詳しく説明する前に、私のような一見門外漢がなぜ地震予測に関《かか》わることになったのか、その経緯を述べておこう。

私はもともと測量工学の学者で、二〇〇〇（平成一二）年に定年退官するまで、東京大学生産技術研究所の教授を務めていた。測量工学とは、土地や建造物などの位置や距離を測り、地図や建設工事などの図面の作成に役立てるものだ。

皆さんが「測量」という言葉から抱くイメージは、おそらく街角で三脚を立て測量機械を覗《のぞ》き込んでいる測量マンの姿ではないだろうか。測量は、「測天量地」から生まれた言葉だ。「天を測り、地を量る」とは、北極星を観測して地図の基本となる北方向を定め、租税の基礎となる土地の測量をしたことを指す。しかし、いまはその語源から遠く離れ、天から地を測る時代になったといっていい。動いている人工衛星から、微妙に動いている地球の表面を正確に測る先端技術になっているのである。

この四〇年間に測量技術は、どの産業界と比べても、突出した技術革新を遂げた。一九七二（昭和四七）年にアメリカが打ち上げたランドサット一号は、最初の地球観測衛星となった。ここから、リモートセンシング（遠くから手に触れないで電磁波を感知する技術）を研究する新しい学問領域が次々と登場するのである。

また、一九七〇年代のはじめに確立した地理情報システム（ＧＩＳ）によって、数値化された地図情報や位置情報を駆使し、低コストでさまざまな地理情報の利用が実現できるようになった。九〇年代に発達したデジタルカメラを利用したデジタル写真測量は、安価で効率的な三次元測量を可能にした。私が研究を始めたころの測量工学は地上や航空機から撮影した写真を使う手法が主流だったが、赤外線やレーダー、さらに人工衛星を使ったリモートセンシングの技術により、現在ではより遠く、規模の大きな測量を高精度で行うことが可能になっている。

こうした先端技術は、もはや従来の「測量」という概念では包括できない。国際的には

「空間情報工学」と呼ばれることが多くなっている。私は、幸運なことにこれらの先端技術の登場にすべて立ち会うことができた。それゆえに、後に地震予測を含むさまざまな測量の応用可能性を広げることができたと思っている。

というと、私自身が若いころから測量工学に関心を持って、率先して関わってきたように聞こえてしまうが、じつはそうではない。

私が測量工学の研究者になったのは、まったくの偶然で、東大工学部土木工学科に籍を置いていた学生時代は、学者になるなど考えたこともなかった。大学を出て、一度は民間企業に勤めたものの、アフリカのダム建設の現場に送り込まれるなど、過酷な勤務体験の末に失業してしまったのである。まだ二〇代のころのことだ。これからどうやって食っていこうと不安な気持ちを抱えながら職安に通う毎日であった。そんな窮地を学生時代の恩師に救われ、大学に戻って研究生になったことが、測量工学研究の道に進む転機となったのだ。一九九二（平成四）年からは、国際写真測量・リモートセンシング学会の会長も務め、定年まで大学で研究を続けることになるとは、まさに思いもよらない人生の展開であった。

そして、さらに思いもよらない人生の展開が私を待っていた。定年後の一見無謀とも思われる地震予測への挑戦である。ただし、地震予測に関しては門外漢といっても、測量工学を研究していたベースがなければ、電子基準点を地震予測に使う発想も生まれなかっただろうし、その後の地震予測への挑戦も信念を持って続けられなかったと思う。

GPSを使った地震予測研究への誘い

東大の研究職を退官してから二年ほどがたったころ、航空測量学の専門家・荒木春視博士から、人工衛星で測定した地表の動きのデータを観測して、一緒に地震予測をしてみないかという誘いを受けた。荒木さんは、私より八歳先輩で、ある測量会社の取締役をしていた人で、航空機からラドンの検知をすることで、温泉の位置探索や、地震予測などに役立てられないかとさまざまな実験を重ねていたが、すでにその会社も退職していた。

その荒木さんが、私にGPSデータを使って地震予測をしてみないかと共同研究を持ちかけてきたのである。

前述したように、GPSとは、位置情報を人工衛星に送信して測定するシステムである。

いまやGPSといえば、私たちの生活にとても身近なものだ。よく知られているのは、スマホやカーナビに取りつけられているGPS受信機で、最近のドラマや映画でもGPS受信機を使っての追跡アクション場面は頻繁に見かける。スマホやカーナビのGPS受信機は、四個以上のGPS衛星からの電波をとらえて、その人間の現在位置や走行中の自動車の位置を確定させるもので、防犯や犯罪捜査にも役立っており、この一〇年で飛躍的に技術が進歩した。

荒木さんの提案は、このGPSを使って、地球のわずかな動きを測り、地盤や地殻の変動を調べて地震や噴火の予測をしてみないかというものだった。荒木さんは、二〇〇一(平成一三)年に日本測量調査技術協会の機関誌「APA」(現在は「先端測量技術」に改題)に、世界初の「電子基準点による地震予測の可能性」に関する論文を発表していた。

地震予測に使用するのは、国土地理院がGPSデータを測定するために全国約一三〇〇カ所に設置している電子基準点のデータである。国土地理院が設置した電子基準点は、高さ五メートルのタワーで、地図を正確につくるために緯度、経度、標高の座標を測る、重要な国家基準点でもある。

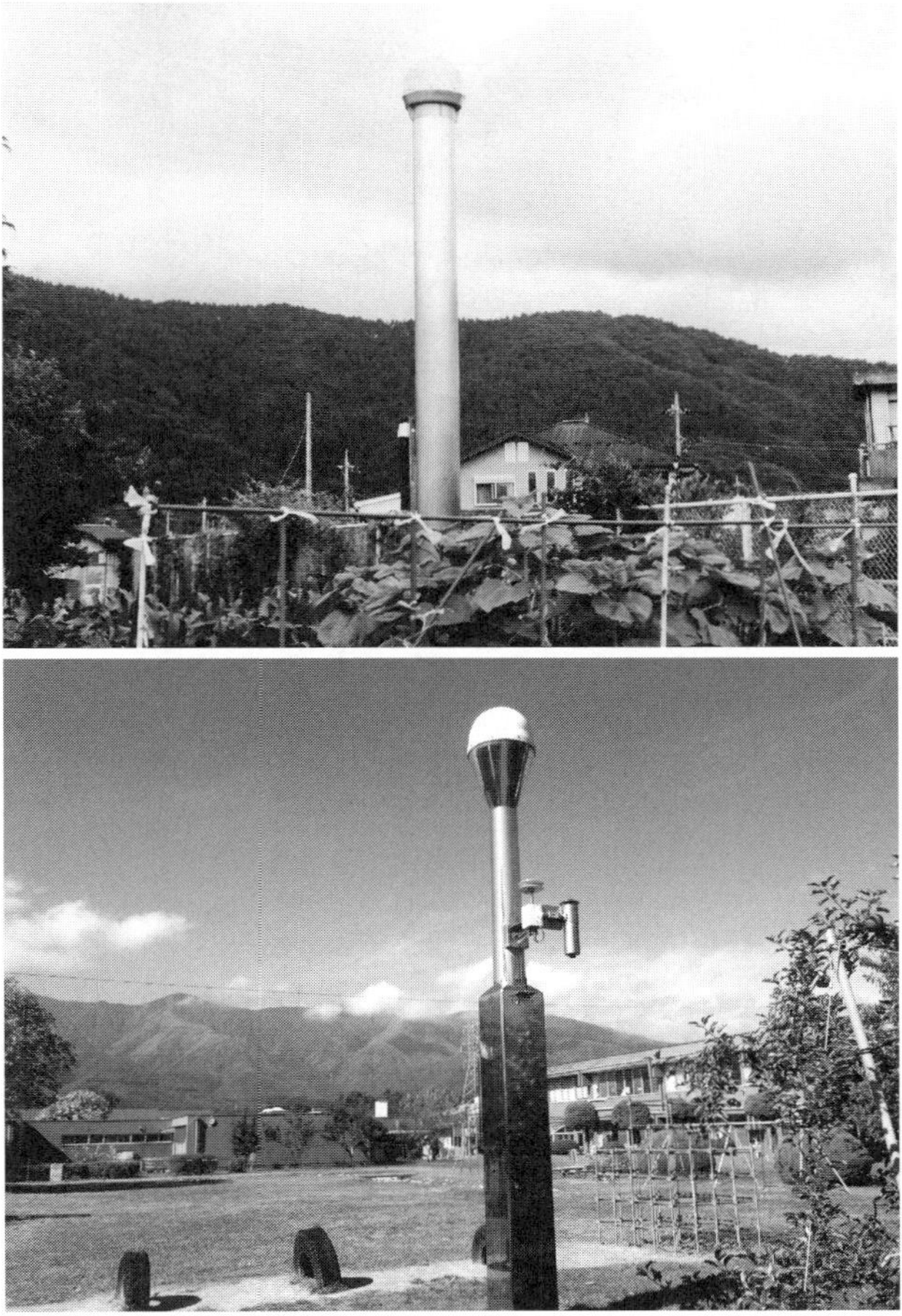

電子基準点（上は山梨県富士吉田、下は長野県梓川）

地球の表面は絶えず、上下左右に微妙な動きを続けている。電子基準点は、この動きを測定し、土地の測量、地図の作成、地震・火山噴火予知の基礎資料とするために、国土地理院が一九九四（平成六）年から整備してきたもので、この日本の狭い国土に約一三〇〇点もある。平均すると二〇キロメートルに一点。太平洋側に多く、東海・南関東地方には一〇キロメートルに一点という密度で、この数と密度はじつに世界に誇れるものといっていい。都心に近いところでは、世田谷区の日本大学文理学部の運動場にも設置されているし、富士山の山頂近くや、沖ノ鳥島や硫黄《いおう》島といった離島にも立っている。

この電子基準点の微細な動きを人工衛星で測定したデータが、二〇〇二（平成一四）年から一般にも公開されていた。しかし、この宝の山のようなデータを分析し、地震予測に活用しようという研究者はまだ出てきてはいなかった。荒木さんはそれまでも私だけではなく、GPSを使った地震予測の研究に関わらないかといろいろな人に声をかけていたようだが、彼の説に賛同して一緒にやろうという人はいなかった。その当時の電子基準点、GPSの精度からはとても地震の予測などできないだろうと、誰《だれ》もが頭から否定した。荒木さんの誘いに乗ったのは結果的に私一人だったのである。

二〇〇三年の十勝沖地震で得た確信

私自身も荒木さんの持論に、最初から全面的に興味を持ってのめり込んだわけではない。ＧＰＳや測量工学の知識を使って地震を予測するなどということができるのだろうかと、半信半疑であった。

しかし、電子基準点のデータ公開が始まった翌年の二〇〇三（平成一五）年に十勝沖地震が起きたのをきっかけに、私は荒木さんの方法論の正しさを確信した。海底が震源の十勝沖地震は、マグニチュード８・０を記録し、死者は一名だったが、石油タンクが壊れるなど大きな事故を誘発して問題になった。この地震の直後に、私たちは青森県から北海道にまたがる約一〇点の電子基準点のポイントを選び、地震が起きた時点からさかのぼって地表の動きを調べてみた。すると、前兆現象と見られる明らかに異常な動きがあったことが分かったのである。

我々が異常を分析した方法は、「三角形面積変動率」というもので、三つの電子基準点を結んだ三角形の面積の変動率を計算して、地表の歪《ゆが》みを測るものだ。

地震の予測をするときに、どのような方法を取るか、これは当時荒木さんともいろいろ議論したことだ。地震の予測をするときは、動いているものを測るわけなので、動かないものから測らなくてはいけない。自分が動いているときに動いているものを測っても、相対的に動いていないことになってしまうからだ。これは静止衛星もそうである。静止衛星は、止まっているように見えるが、じつは動いているのである。地球の自転と同期しているので、動かないで静止しているように見えるだけなのだ。

人工衛星も動いている、地球の表面も動いている。では地震の前のわずかな動きを見ようというとき、どこを基準にしたらいいのか。地球の中で一番動いていないところはどこか。それは地球の重心である。

そこで私たちは、専門の測量工学の知識を地震予測に応用することにした。平面ではなく三次元的に地球の動きをつかむためには、地球で一番動かない点、すなわち地球の重心を原点にする「地球中心座標系」が重要な基準となる（図1「地球中心座標系」）。地表の歪みを測るために、この「地球中心座標系」というものを使って、X軸・Y軸・Z軸の動きの値から、地表がどの方角にどれだけプラス方向あるいはマイナス方向に

【図１】地球中心座標系

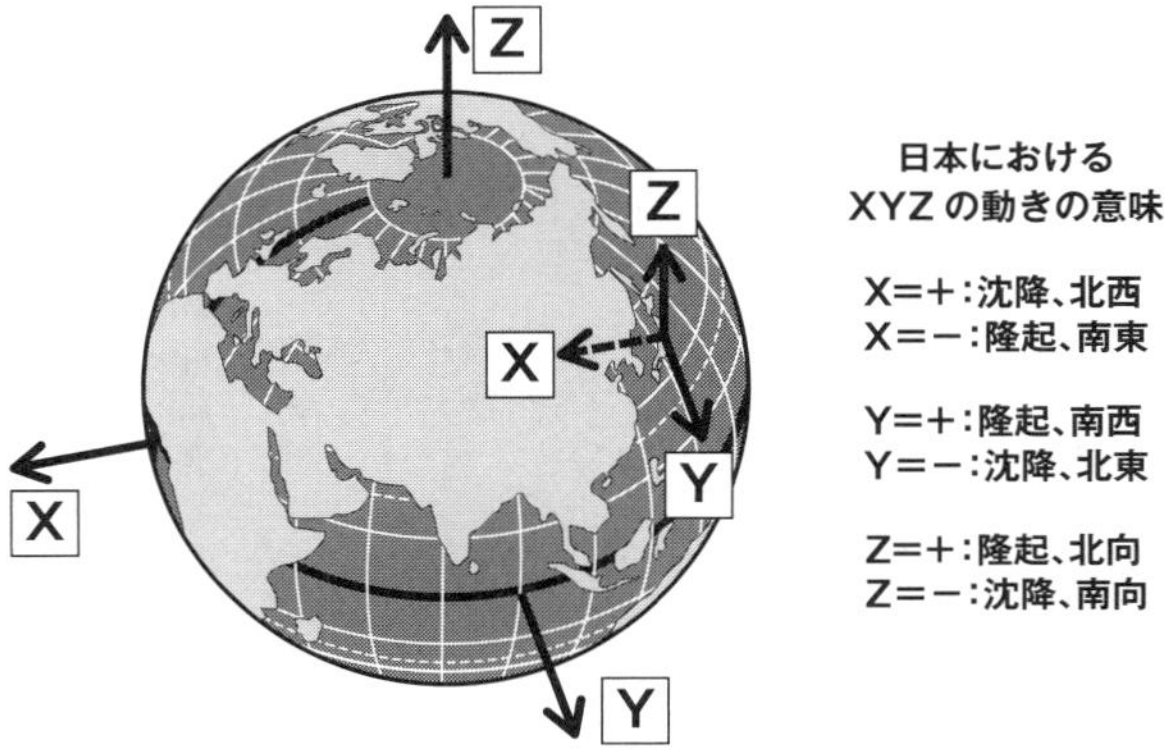
Z
Z
X
X
Y
Y
日本における
XYZの動きの意味
X=＋:沈降、北西
X=－:隆起、南東
Y=＋:隆起、南西
Y=－:沈降、北東
Z=＋:隆起、北向
Z=－:沈降、南向

動いているかを計算して割り出す「三角形面積変動率」という測量方法を選択した。地球の重心を原点とし、X軸はグリニッジ子午線と赤道を結ぶ方向、Y軸は東経九〇度と赤道を結ぶ方向、Z軸は自転軸方向にとる。この座標軸から、地震が予測される地域の三点の電子基準点を結んだ三角形の面積の変動率を解析して、どの程度地表が動いているかを計算するのである。

いまでは地表の異常変動を正確にとらえるために、さらにいくつかの分析方法を加えているが、それは後述しよう。当時は主としてGPSデータを使った「三角形面積変動率」での解析で、私たちは地震の前兆をとらえようとしていた。当時のGPSの座標の精度は悪く、相対的な指標として三角形の面積を選択せざるを得なかった。

この方法で十勝沖地震の震源地地域のデータを取ってみると、地震の一〇日前に、大きな前兆現象が見られたのである。三角形の面積で見ると、XY投影面、XZ投影面、YZ投影面のうち、襟裳《えりも》・釧路《くしろ》・三沢を結んだXZ投影面、矢本・襟裳・釧路を結んだXZ投影面の三角形に大きな変動が見られた（図2「三角形面積変動率に見る十勝沖地震の前兆」）。その変動にきれいな反転現象が出ていたのだ。これはすごい。私の中の学者魂に再び熱い

【図2】三角形面積変動率に見る十勝沖地震の前兆

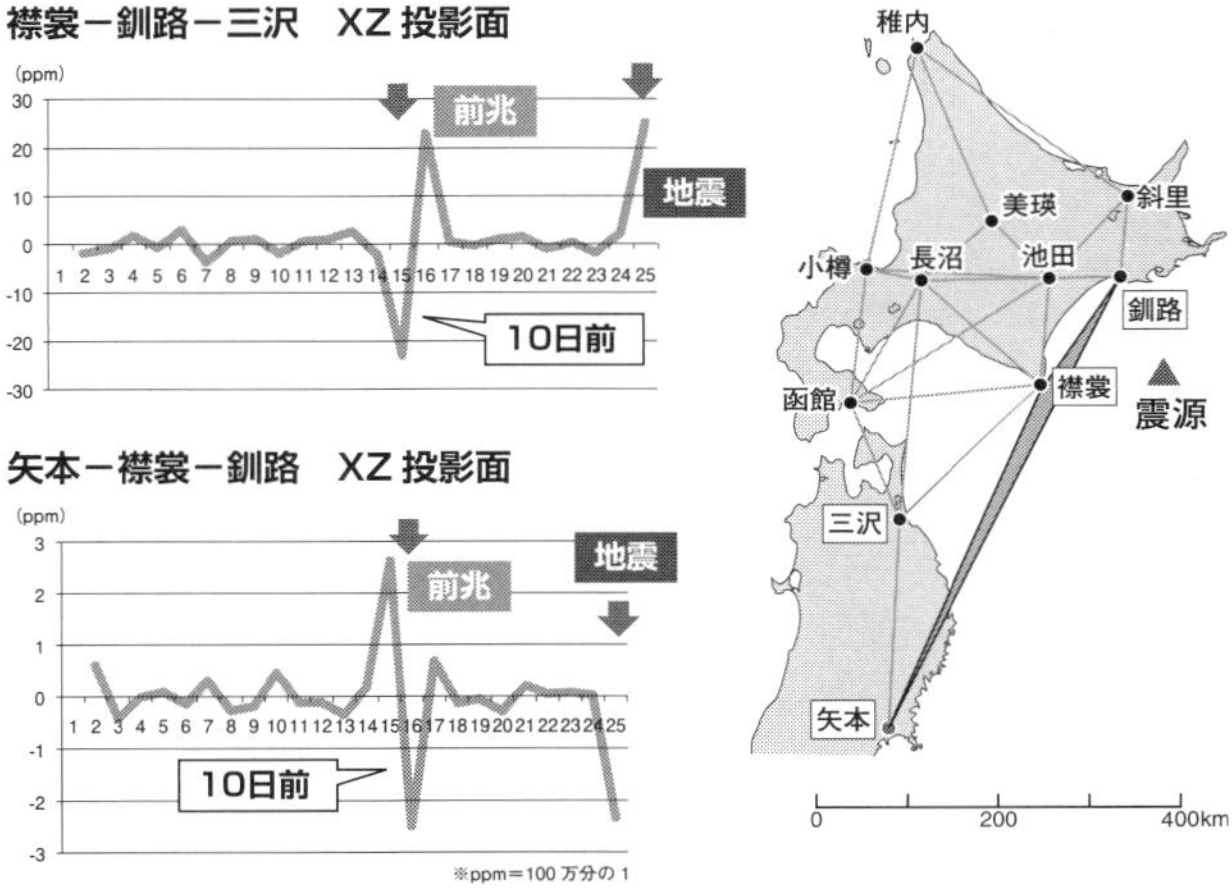

ものが流れ込んできた瞬間だった。

十勝沖地震だけでなく、ほかに起きた大きな地震についてもいくつか調べてみたところ、同様に前兆の変動が確認され、私たちは「これはいける」と、自信を深めたのだった。

まずは特許取得を急ごう

この十勝沖地震の前兆現象をキャッチしたことに、私は大いなる興奮を覚えた。この方法は正しい。いままでの地震学ではでき得なかった新しい地震予測を、測量工学が可能にすると確信したのだ。

衛星測位による地震予測を始めるにあたり、荒木さんとはさまざまなことを話し合ったが、結論として「特許取得」を急がねばということに意見が一致した。

GPSを開発したのはアメリカ人である。前述したように、GPSはアメリカ軍がつくった衛星測位の名で、最近はロシアのGLONASSや日本の準天頂衛星システムなどが加わり、総称としてGNSSと呼ばれている。これらの五〇近い人工衛星を用いた測定によって、いまではその誤差は五ミリ程度まで小さくなっている。

当時はここまでGPSの技術は進化していなかった。しかし、GPSを開発したアメリカ人は、いずれGPS技術で地震予測が可能であることに気づくに違いない。そして、気づけば必ず特許を取ってしまうに違いない。

そんなことになれば、世界有数の地震国である日本が後追いになり、アメリカが開発した地震予測の特許を買う羽目にもなりかねない。それは本末転倒だろう。何としてでも、アメリカが特許権を主張する前に、我々が発見した方法の特許を出願せねば、ということになったのである。

とはいえ、私たちは定年退職組で、二人とも弟子も部下もいない身だ。もちろん研究費もゼロという貧乏所帯。特許出願のための書類を弁理士に頼めばトータルで五〇万円はかかってしまう。とてもそんな費用はない。お金をかけず、すべて自分たちでコツコツと手づくりしていかなければならなかった。

そこで私がまったくの素人ながら、特許出願の文書を書くことにしたのだ。慣れない文書作成に苦労したものの、何とか完成させ、二〇〇三（平成一五）年、私たちは「地震・噴火予知方法」という名称の特許を出願した。ところが特許庁の反応は芳しいものではなかった。

全国の電子基準点のデータは、国土地理院が管轄している。それを使っての方法の特許なので、荒木さんと国土地理院に挨拶《あいさつ》にも行ったのだが、いろいろと反論を挙げられ、やはり反応は厳しいものだった。我々の特許が国土地理院の業務の妨げにならないかという不安材料もあったようである。それをくみ取って、私は、もし特許が認可されたときは、場合によっては国土地理院に特許の使用権を譲ってもいいと譲歩した。アメリカに先を越されるくらいなら、使用権がどこにあろうと日本にあることのほうが重要だと判断したからである。

しかし、そこまで譲歩しても、全体的には迷惑顔で、とくに地震関係者の態度は冷ややかであった。そして、特許庁から一度目の拒絶が来た。

変人扱いされた一〇年間

十勝沖地震の前兆現象である異常変動をキャッチした達成感もつかの間、特許出願が空振りに終わり、私と荒木さんは落胆した。しかし、まだ挑戦は始まったばかりである。一度くらいの拒絶でへこたれるわけにはいかない。

そこで、まずは測量関係者への理解を深めようと、我々は連名で、日本測量協会の機関誌「測量」（二〇〇三年六月号）に「衛星測位システムを用いた地震・火山噴火予知」と題したテクニカルレポートを投稿した。こちらの反応も空振りであった。それにもめげず、荒木さんは日本写真測量学会の学術講演会で、地震発生の検証に関する発表を次々に行い、私もそれをサポートした。

このころには我々二人は、周囲から実りのないことを追求する、ヒマ人、変人といった目で見られるようになっていた。「変な老人が趣味の発表をしている。ほらまたあの二人だよ」という周囲の視線はいっこうに気にならなかった。自分の発見や発想が正しいと思い、信念を持っている学者の面の皮は意外と厚いものだ。

もちろん、特許出願もあきらめずに続けていた。一回、二回、三回と意見補正をしたが、すべて拒絶が来た。その拒絶理由の一つは、我々が地震の前兆として発見した、GPSを使って計算した三角形面積の変動率が大きく動くという反転現象について、「地球物理学で有名な学者の本に、地震の前に井戸水が一度隆起して次に沈降する反転現象がすでに書かれている」というものだった。我々はその理解の浅さに閉口しながらも、根気よく説得した。「我々の方法は、井戸水のような一次元的な現象ではなく、三次元の座標軸で行うもので、測量知識を使ったまったく新しい方法なのだ」と説明し、この拒絶はクリアした。

しかし特許庁の拒絶は続いた。先方の拒絶はもはや難癖に近いものだった。二度目など、「三角網を使った地震予測など誰でも考えられる」という横柄なものであった。このときも私は感情的にならず、我々の使う三角網は一般の測量で使う三角網とは違い、電子基準点がつくるすべての組み合わせの三角網で、なおかつ地球中心座標のXY、XZ、YZの投影面から解析するもので、これまでの発想とは異なるのだと主張した。

だが、何度拒絶を論破しクリアしても、届くのは拒絶の知らせである。さすがに心ない三度目の拒絶が来たときは、私はもう駄目かもしれない、認可は永遠に下りないかもしれないという敗北感に満たされた。おそらく地震の専門家が審査員なのであろう。それは大いに予想できた。彼らにできないことを別分野の私たちがやろうとしているのだから、面白いわけがない。私は地震学者と張り合うつもりはまったくなかったが、このときばかりはその料簡《りょうけん》の狭さにため息が出た。

地震予測、初の特許取得

これが最後かという思いで、私たちは二〇〇六（平成一八）年一月に四度目の申請を出した。この際、私は荒木さんに、特許は認可されなくなるかもしれないが、意見補正書に私の思いを書かせてほしいと頼んだ。たとえ拒絶されるにせよ、このままでは気持ちの整理がつかなかったからだ。荒木さんは、私の申し出を快く了承してくれた。

私は特許庁に宛《あ》てた意見補正書に、我々の発明が従来の地震予測と違い、いかに画期的で独創的なものであるかを述べ、科学の進歩のために、些細《ささい》な欠点を挙げて新しい手法をつぶすのではなく、もっと大局的に判断してほしいと率直に訴えた。玄人の弁理士ならこんな文書は書かない。審査官に反旗を翻すことなどご法度で、ひたすら下手に出る表現を使うはずである。私の場合は、いってみれば審査官に「難癖をつけて新しい方法をつぶすな」と放言したようなものだ。しかし、言いたいことは言った。これが最後っ屁《ぺ》になったとしても、それは仕方ない。

それから一カ月後に特許庁から文書が届いた。封筒を開けるのが嫌だった。拒絶に違いないと思ったからだ。だが、開けてみて驚愕《きょうがく》した。「本発明に拒絶する内容は見当たらない」という特許を認定する文章が書かれていたのである。

それを聞いた荒木さんから「おめでとう」の電話が来た。ほとんど絶望的だと思っていただけに、喜びはひとしおであった。日本の政府機関である特許庁が、我々の電子基準点データによる地震予測をはじめて認めてくれた瞬間だった。

さらに予測の正しさを確信

しかし、特許は取ったものの、誰も見向きもしないという状況は、さほど変わらなかった。もう少し世間が注目してくれるかと期待していたのだが、どうやらそれは甘い考えだったらしい。このままでは社会貢献もできぬまま、宝の持ち腐れになってしまう。

そこで私は、ある電力関連の会社の幹部になっていたかつての教え子に、この特許を使わないかと打診してみた。彼も、かつての師の頼みとあっては無下に断れなかったのだろう。「いままで誰も実証していない地震予測の方法なので、まずはこの特許が信頼できるものかどうか検証研究をするということでどうか」と、消極的ながら私たちの特許の後押しをしてくれることになったのである。電力会社は、発電所を立地する際に、活断層の有無などを調べ、地震に備える必要があるので、現実的な興味を持ってもらえたのだと思う。どう特許を生かそうかと考えあぐねていた我々にとって、有難い取り計らいであった。再び活力を取り戻した私は、この電力会社と共同して、二〇〇七（平成一九）年から三年間、特許の方法でいろいろな検証研究を行った。

この検証研究では、二〇〇〇年から二〇〇七年までの八年間に日本、及び日本近海で起きたマグニチュード6以上の地震を精査した。その数はじつに一六二回、一年当たりマグニチュード6以上の地震が平均二〇回以上起きていて、あらためて日本は地震大国であることを思い知らされた。そして、私たちの特許方法で調べたところ、なんとそのすべてに異常変動を示す前兆現象が見られたのだ。

我々の地震予測の方法は間違っていなかった。その確信は深まったが、問題点もあった。前兆が見られてから実際の地震が起こるまでの時間はバラバラで、およそ二週間から三カ月の幅があった。当初我々が目標にしていた「一カ月以内に確実に地震を予測する」ことは、まだできなかった。それでも、これだけ前兆現象がはっきりと読み取れる方法は、従来にはなかった。前兆現象が現れた時点から、遅くとも三カ月以内にかなりの確率でマグニチュード6以上の地震が来るということが検証できたのである。従来とは比べものにならない、精度の高い地震予測が可能になると私はあらためて確信した。

東日本大震災の不気味な前兆

そして、あの三・一一の東日本大震災が起こった。いま思えば、恐ろしいほど不気味で、警告的な前兆だった。あの巨大地震の前兆を私たちは、一カ月ほど前には気づいていたのである。

当時私は、教え子が退職したこともあって、電力会社との検証研究は終了していたが、地震予測のデータをどう実用化するか、自分なりに研究を進めていた。荒木さんはさらにほかの会社と共同で、電子基準点を使った地殻変動の解析に関する別の特許を取得していた。この方法は電子基準点を使うものではあるが、我々が取得した予測方法とは、少し方式が異なるものであった。私はこの会社ともいろいろ情報交換をしたり、研究のアドバイスをしたりという良好な関係が続いていた。すると、ある日この会社から私に連絡があった。「日本列島が異常な地殻変動を示している」というのだ。

普通の地震なら数点ほどの異常な変動を示すだけだが、今回は非常に多くの異常変動が見られる。これは解析がおかしいのではないかと疑って、私に相談を持ちかけてきたのだ。私はすぐさま電子基準点のデータをもとにチェックし直してみたが、解析は間違ってはいなかった。福島県から茨城県、長野県あたりまで異常に大きな変動が出ていた。これはいままで経験したことのない不気味な予兆だった。

これは想像を絶するような巨大地震が迫りくる前兆だ……。私はそう確信したが、序章で述べたように、この会社の親会社から解析結果を公表することを禁じられた。一民間人が世間をパニックに陥れるような「予知」をするのも、お役所から禁じられていた。これは公表しないと大変なことになるぞと思ったが、どうにもならなかった。そして不穏な気持ちを抱えたまま、私は口を閉ざした。

その一カ月後に恐れていたことが現実となった。二〇一一（平成二三）年三月一一日、東日本大震災が起き、死者・行方不明者は二万人以上にのぼった。その後も過酷な避難生活の中で、希望を失い、体力を失った震災関連の死者は増え続けた。あまりに悲惨な結果に、私の気持ちは打ち砕かれた。

序章でも書いたが、私は後悔の念に苛《さいな》まれ続けた。私は守秘義務を守ったにすぎないのかもしれない。しかし、人として研究者として、それでよかったのか。どんな批判を受けようと、あそこまで異常な前兆を察知していたなら、公表すべきだった。公表して取り合ってもらえなくとも、ネットで話題になれば、少しは人々の関心を引いて救われる命もあったかもしれない。そう思うとやり切れなかった。

六カ月前に起きていた全国一斉変動

東日本大震災が起きてから、私は後追いで徹底的にデータを分析してみた。すると、地震の起きる六カ月前から、日本の各地で異様な隆起や沈降が起きていたことが判明した。全国一斉変動である（図3「前兆は2週間続けて全国一斉に起きていた」）。

二〇一〇（平成二二）年九月の週間異常変動図を見てほしい。薄いグレーの点は一週間で四センチ超、黒い点は五センチ以上の上下動をしていたことを示す。九月五日から一八

【図３】前兆は２週間続けて全国一斉に起きていた

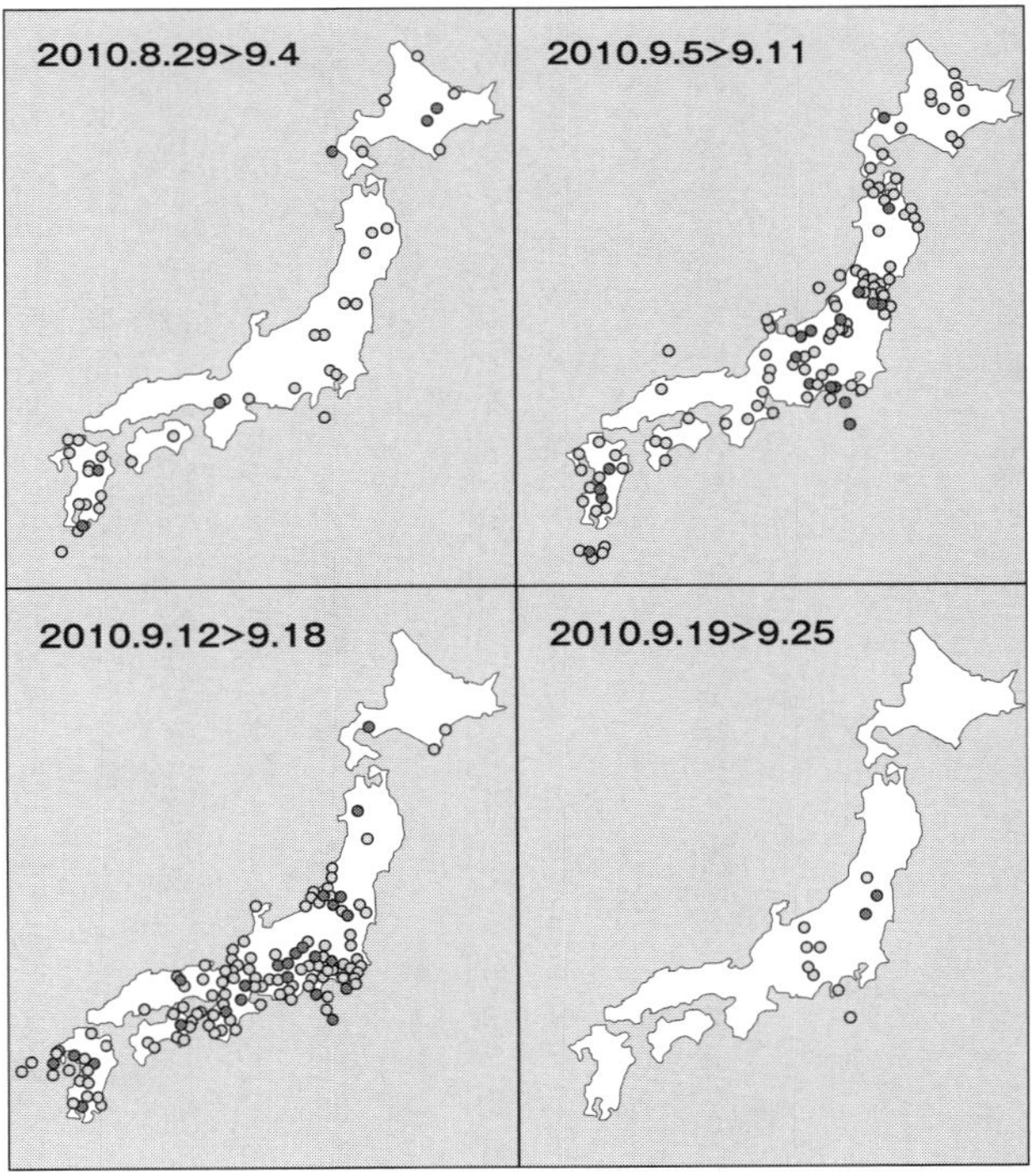

日までの二週間で異常変動が全国各地で一斉に起きており、きわめて多数点にのぼった。このことから大きな地震ほど広範囲に異常変動が現れることを私は学習した。

マグニチュード7、8クラス以上の大地震の場合、ほぼ半年前に前兆が出ることがその後の検証でも確認されたのである。そしてその前兆が多数点での一斉変動であるとき、これは非常に大きな前兆としてとらえるべきだと判断した。一斉変動とは地面が、ジクッジクッと全部動いている現象である。

さらに二年前と比較した宮城県の牡鹿、志津川、女川《おながわ》など二一点の電子基準点の隆起・沈降の図版（図4「2年前と比較した宮城県の隆起・沈降」）も見てほしい。二年前（二〇〇八年）をゼロとしてみると、二〇一〇年の九月一一日にグッと不気味に沈降している。さらに同年の一〇月にまた異常変動が出て、一月にも出た。図版を見ると、みんな曲線が同じ方向に向いている。つまり同じ方向に動いているということだ。

岩手県や福島県の電子基準点でも、九月、一〇月、翌年の一月と同時期に一斉に隆起・沈降の異常現象が起きている。

（図5「2年前と比較した岩手県の隆起・沈降」）

【図４】２年前と比較した宮城県の隆起・沈降

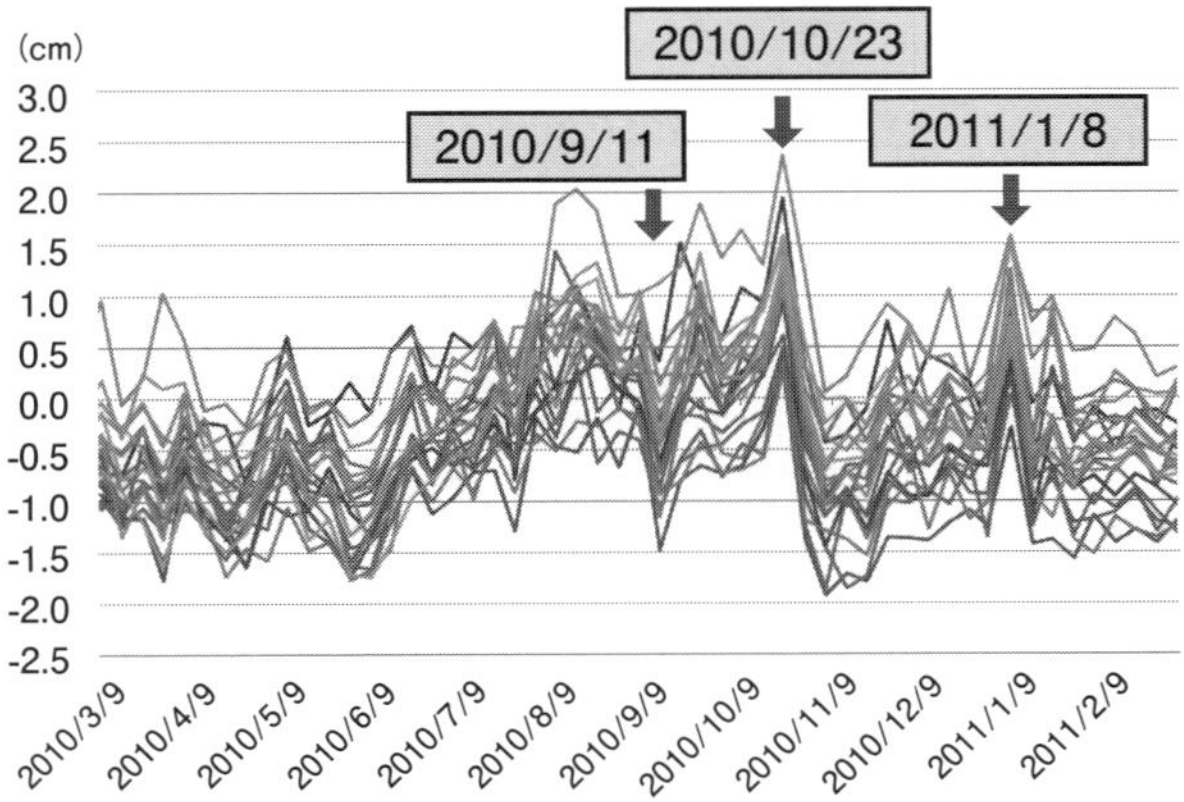

【図５】 ２年前と比較した岩手県の隆起・沈降

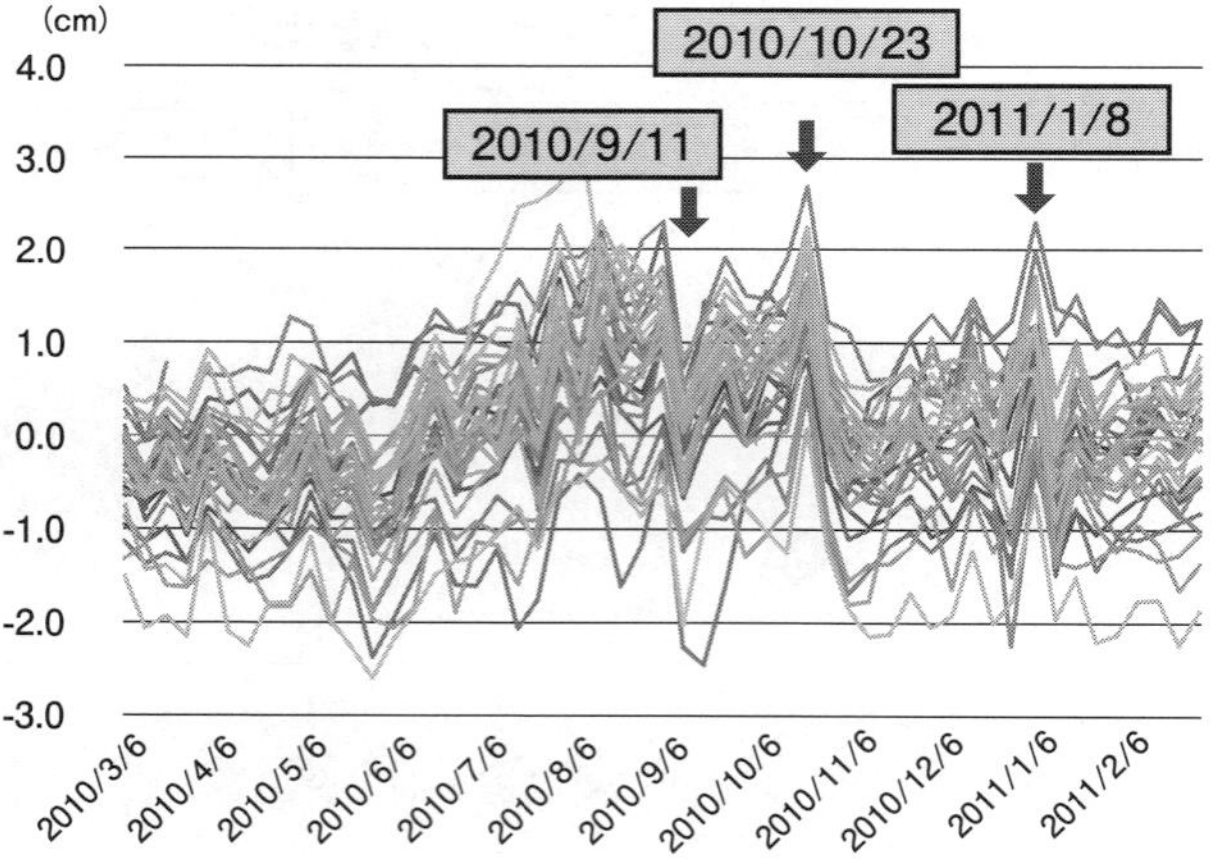

【図6】２年前と比較した福島県の隆起・沈降

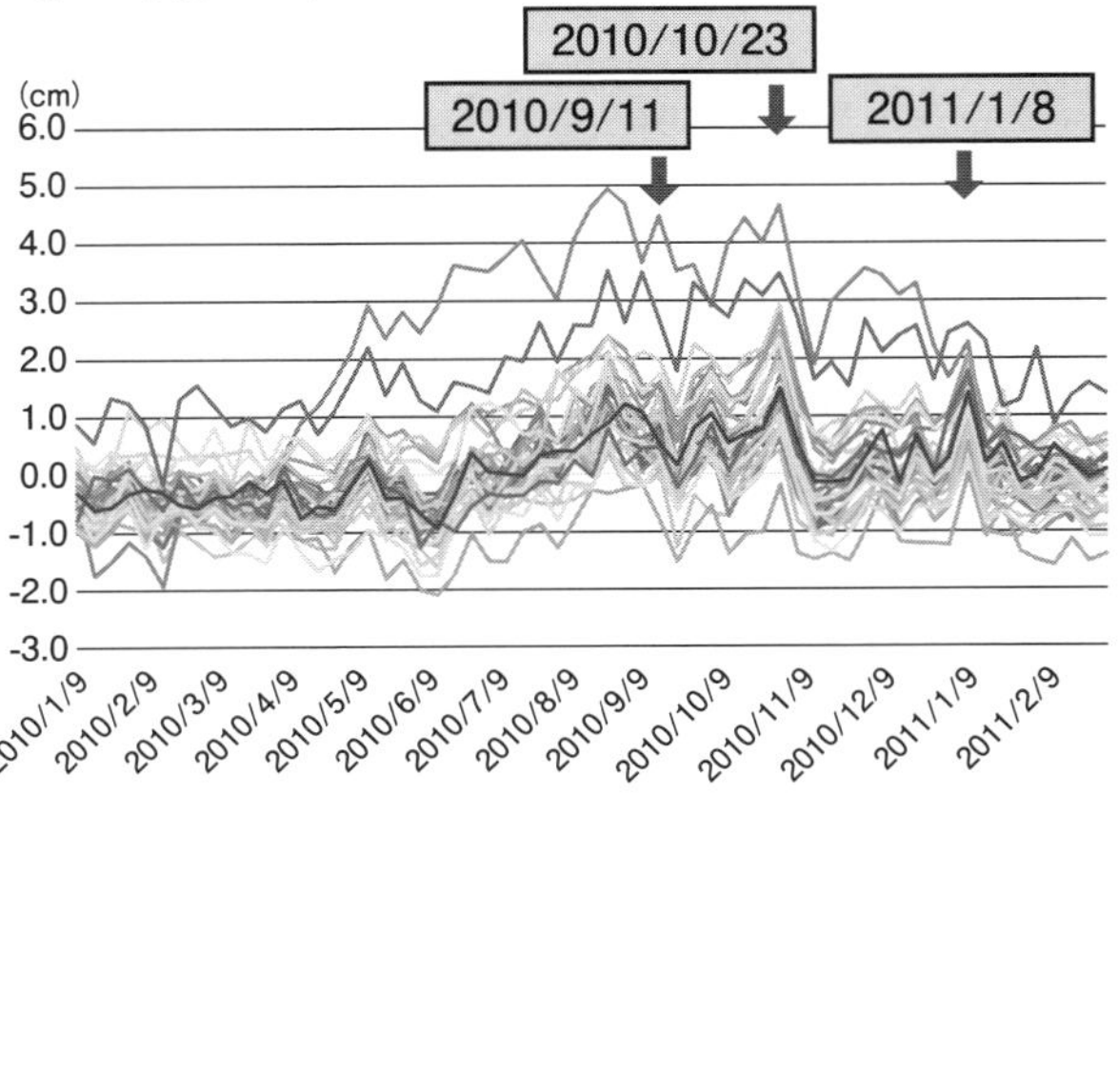

（図6「2年前と比較した福島県の隆起・沈降」）

これと同じ現象が日本中で起こっていた。一例を挙げれば、高知県でも動いている（図7「2年前と比較した高知県の隆起・沈降」）。高知県は大震災が起きた東北からはおよそ七五〇キロメートル以上離れた地点にある。しかし、一〇月と一一月に同じような一斉変動を見せているのだ。この一斉変動は、九州でも記録されていた。

まさに二〇一一年三月一一日の半年前に、日本列島全体が呼応し合うかのように、周期的に一斉変動を起こし、大震災の予兆を見せていたということなのだ。

地震は病気と同じ、くしゃみや発疹《ほっしん》で異常を感知

一斉変動とは、広範囲の地面がくしゃみを繰り返している状態と考えていい。

私は、地震予測を語るとき、いつも地震を体の病気になぞらえる。体のどこかが悪いとめまいや吐き気がしたり、じんましんや発疹が出たりする。しかし、異常は体の表面に出ていても、本当の病巣部は内臓にある場合が多い。胃が悪いと口内炎ができるというのと同じである。

【図7】２年前と比較した高知県の隆起・沈降

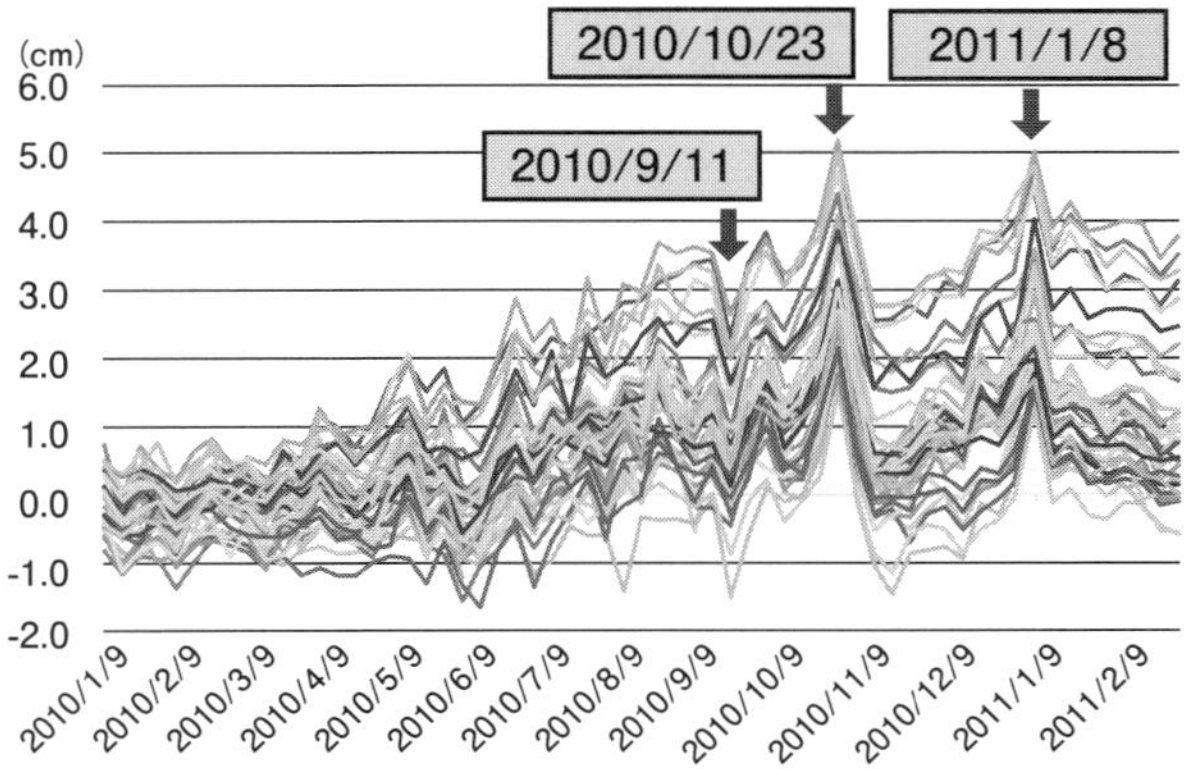

地震も同じで、本来、地下で起こっている現象の異常が、地表でくしゃみや発疹として出ているということ。このことを、我々は長年の検証研究でつかんだのだ。

マグニチュード7、8クラスの大地震を病気にたとえれば、かなりの重病である。つまり病気が重いほど、その予兆はかなり前から出る。しかも部分的な発疹といった程度ではなく、全身に異常が現れる「一斉変動」という前兆現象で、大地震の場合は、ほぼ半年前に予測されることが分かったのである。逆に小さい地震ほどパッと出て、小さいエリアにしか変動がない。これも経験で分かったことだ。

この大地震の前兆現象は、その後の伊予灘地震でも確認された。地震は二〇一四(平成二六)年の三月一四日に起きたのだが、その半年前の二〇一三年九月に、四国、九州、紀伊半島、瀬戸内と一斉変動が起き、さらに一〇月、翌年の一月と、なんと東日本大震災と同じパターンの前兆現象を見せたのである。すでにJESEAでメルマガ配信を始めていた私は、六カ月後に来るであろう伊予灘地震をメディアで公表することができた。

地震の起きる場所をどう特定するか――累積変位に注目

しかし、ここで皆さんは当然疑問に思ったことがあると思う。全国に一斉変動が起きたとき、日本列島がすべて動いているのに、どこに大地震が来ると予測できるのだろうと。つまり全身に発疹が現れたときに、どうやってその原因となっている患部を見つけ出すのかということだ。

これを皆さんに分かりやすく説明するのは、なかなか難しいのだが、前兆現象には、一斉にガガッと異常変動を見せるものと、徐々に徐々に動いて累積していくものと、この二つの動きがある。小さい地震ならば震源地に近いところが動くのだが、マグニチュード7、8クラス以上の地震の前兆は、日本中が一斉に動く傾向があるので、どこの場所が震源地かは特定できない。

全国一斉変動は全身に出た発疹を見ていたわけだが、場所を特定するためには、今度はがん細胞を見ると考えてほしい。がん細胞がどこにどれだけたまっているか、増殖しているかを見極めること。それが患部、つまり震源地の特定につながるのである。

がん細胞は毎日少しずつ増殖し、ある程度の大きさになるとがんが発病して、手術をしたり、発見が遅れて死に至ったりするわけだが、私たちもできるだけ早期発見ができるようにがん細胞のたまり方を見ているのである。

震源地を特定するために私たちが見ているがん細胞は、徐々に累積していく隆起と沈降によるひずみである。二九ページの図1「地球中心座標系」を見てほしい。地震になるときのひずみが、X方向に動いているのか、Y方向に動いているのか、Z方向に動いているのか、あるいは中心から直角方向の高さ（H）の方向に動いているのか、この四つから求められる動きを調べることで、一斉変動では分からなかった場所の特定ができるのである。

それぞれのXYZの軸にはプラスもマイナスもある。一日一日にどのくらい小さなひずみがプラス方向、マイナス方向に蓄積していくのか、それを見て計算していくのである。プラス・マイナスが両方あれば蓄積はされない。しかし、同じ方向に、ゆっくりゆっくり、氷河が動くように累積して、どんどん大きくたまっていくのは大きな地震の起きる顕著な前兆と考えていい。

図8の宮城県のXYZHの累加曲線を見てほしい（図8「宮城県の差分累加曲線」）。このうちYの累加曲線は右肩上がりに増え続け、最後に急に鈍化している。Yの値が増えると

【図８】宮城県の差分累加曲線（XYZH）

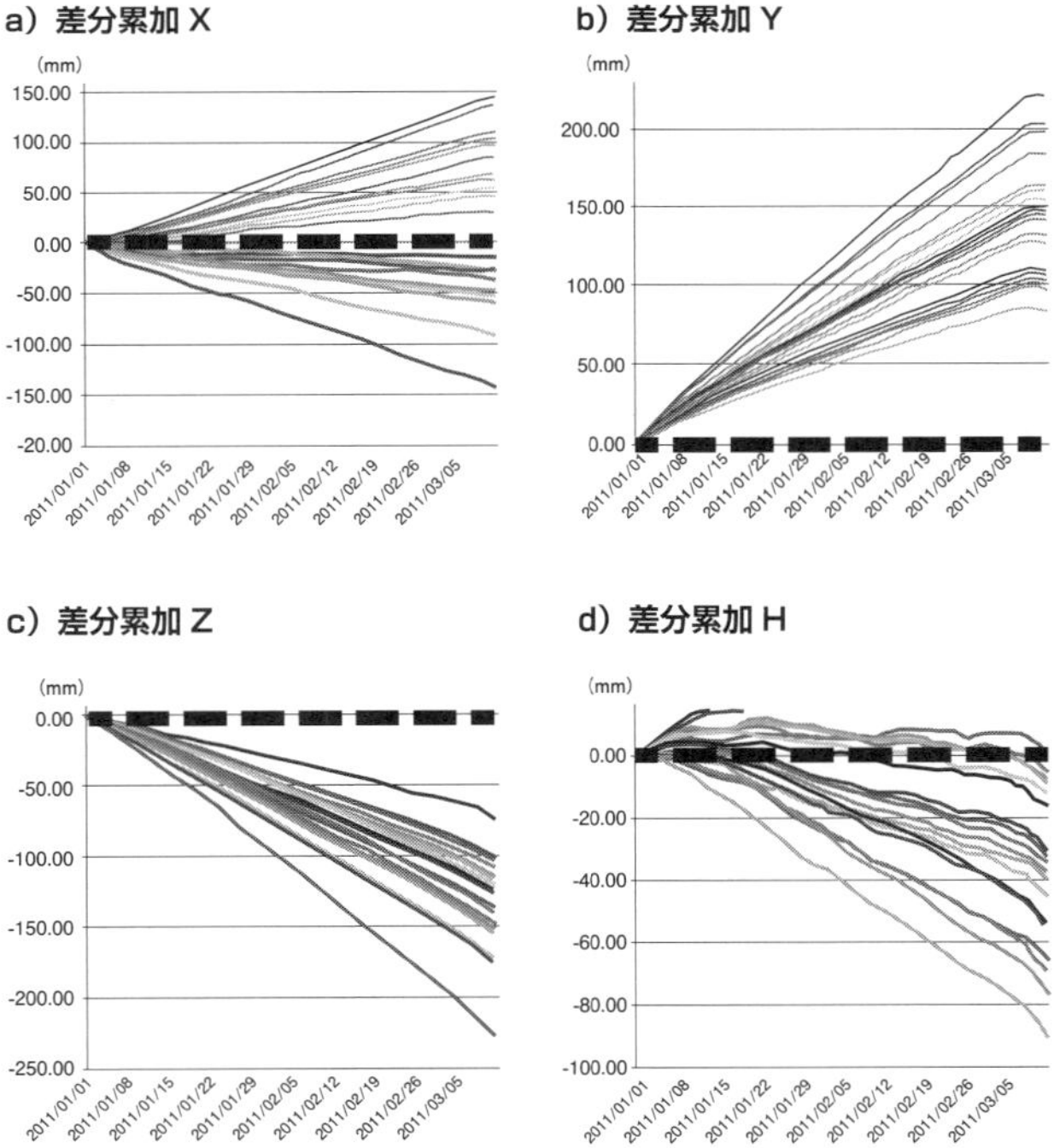

いうことは、地球中心座標系の図版を見れば分かると思うが、南西方向に動き、隆起している状態である。地震直前に差分累加曲線が鈍化したことはYが減少したことを示しており、逆方向、すなわち宮城県は北東方向に動き、沈降を始めたということを物語っている。

こうしてY軸の累積変位がどんどんたまっていくと、あるとき、その限界値を超えてしまう。その点を取り出して打ち出したのが、図9だ（図9「差分累加Yが閾値《いきち》を超えた地点」）。これによって、地震及び津波の被害が大きかった電子基準点が浮かび上がったのである。これは、ほぼ東日本大震災の甚大被害地点と一致している。

異常変動として一日に動く量を見れば、九州でも関東でも大きい地点はあるのだが、徐々にたまっていくひずみを観測すると、宮城、岩手、福島などが要注意地点となるわけだ。

大地震を予測する「プレスリップ」

こうして東日本大震災の累積変位を検証していくうちに、私は地震直前の、ある奇妙な

【図9】差分累加Yが閾値を超えた地点
(ほぼ甚大被害地点と一致)

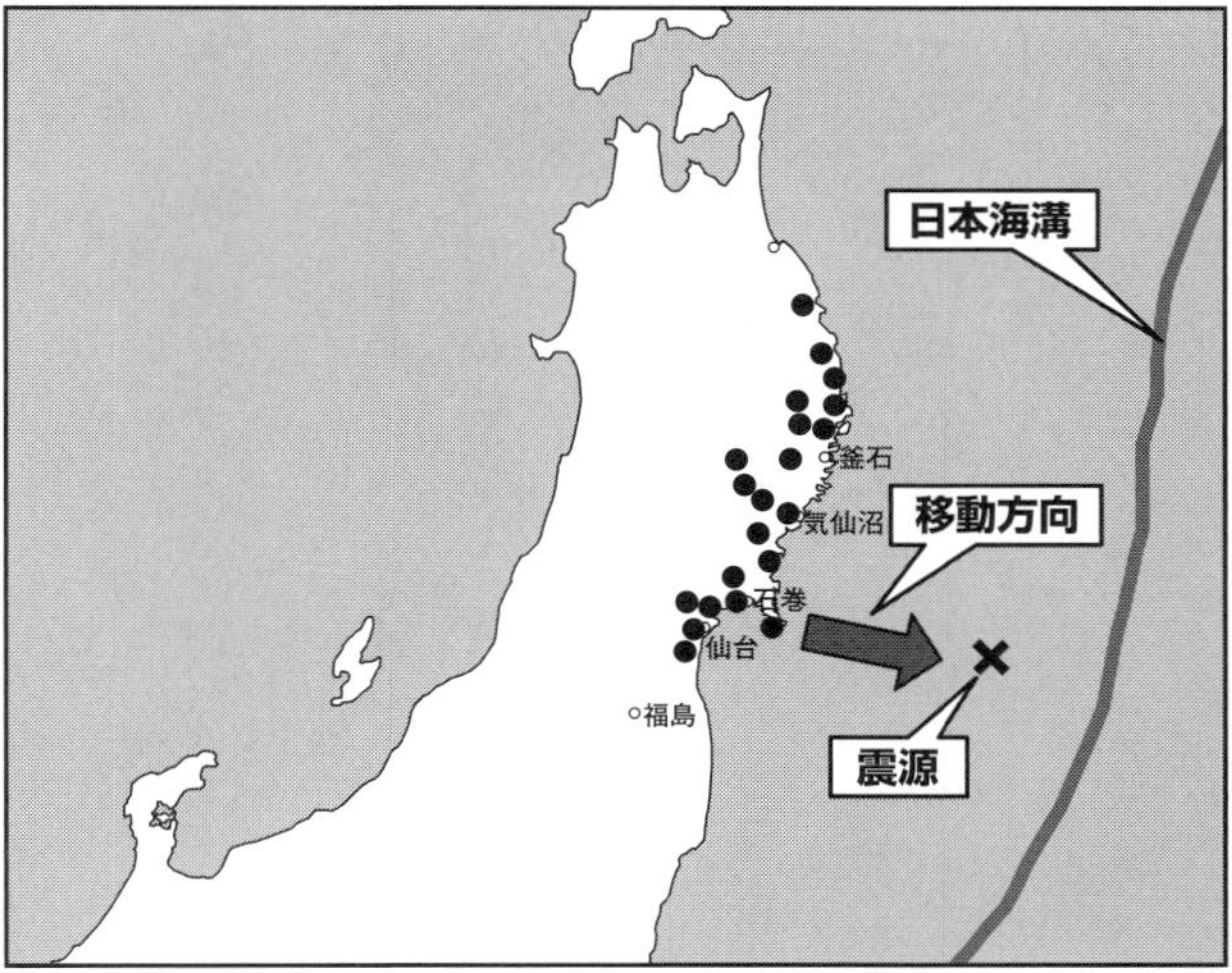

動きに気づいた。東北地方は地震の前は盛り上がって主に西の方向に動いていたのが、今度はYがマイナスの東方向に動いて沈降した。X、Y、Zの動きを総合すると、地震のときはさらに大きく沈降し、大きく東南東に動いた。図10を見てほしい（図10「宮城県における差分累加Yの動き」）。

これは宮城県における、地震が起きる前日までのY軸の累積変位を示したデータである。地震が起きた日は、数値がグラフから飛び出してしまうので同じ画面には出せない。この前日までのデータを見ると、Y軸の動きがそれまで南西方向に動いていたのが、地震直前の三日間にズルズルズルッと三センチほど東北東に動いているのだ。つまり、大地震の起きる直前に、滑ったような揺り戻し的な動きがあり、その後に地震によって激しく落ち込む現象がやってくる。

こうした、一度逆に動いてからドンと落ちる揺り戻し的な動きがあったことが、電子基準点のデータを検証すると手に取るように分かるのだ。

地震の前触れとして、直前に地表がズルズルと動く。この現象を、地震学の研究者は「前兆滑り」、あるいは「プレスリップ」と呼んでいる。長いあいだ地震学者たちは「プレ

【図 10】宮城県における差分累加 Y の動き

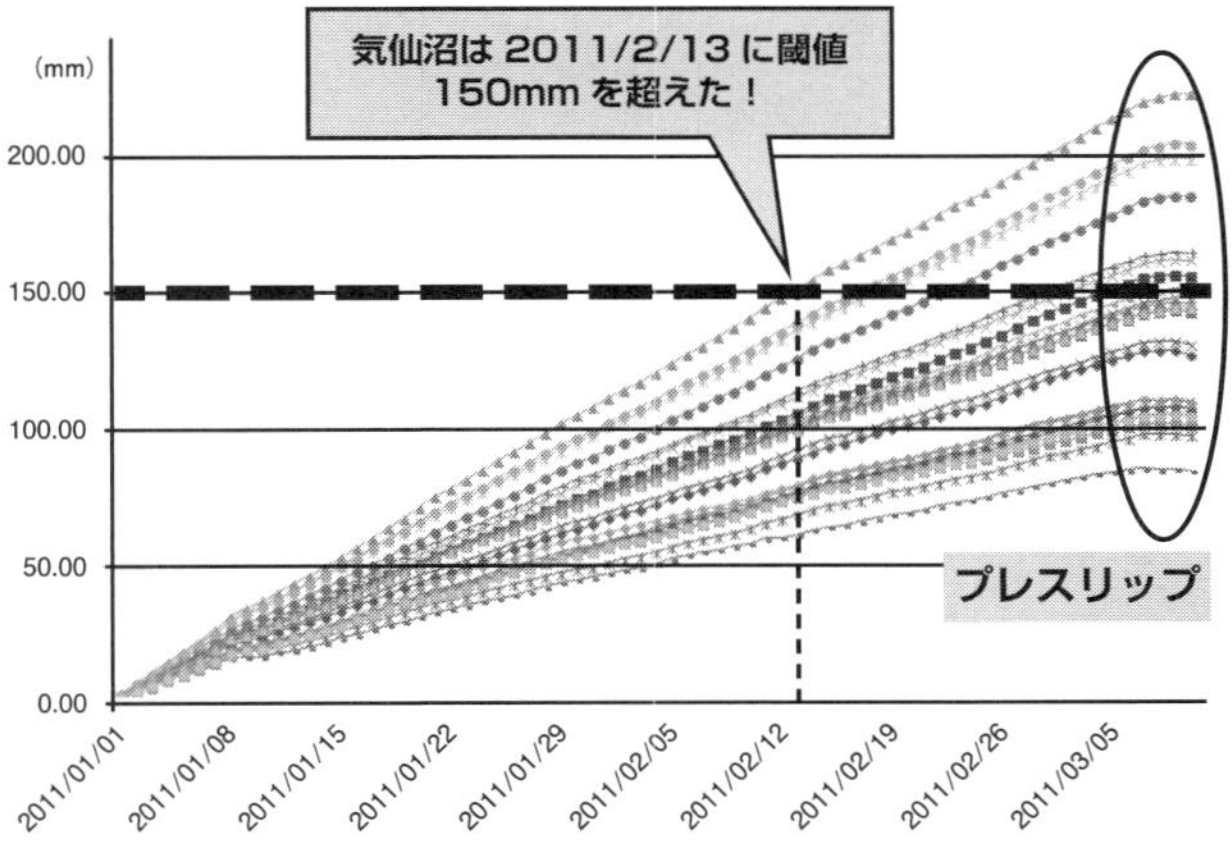

Y 軸の動きは日本海溝に直行する方向！

スリップが見つかれば地震は予知できる」と言っていたが、それを見つけることはできなかったのである。しかし、後追い検証ではあったが、我々の電子基準点に基づくデータから、こうしてはっきりと見えているのである。岩手県のデータを見ても、それは明らかだ(図11「岩手県における差分累加Yの動き」)。

このプレスリップがくっきりと現れていることに、私は驚きもしたし、あらためて電子基準点による解析の精度の高さを確信した。おそらく大地震の直前に見られるプレスリップを電子基準点のデータで観測したのは、世界初であろうと思う。これは大変な発見をしたと思い、このグラフを使い、後日英語で発表もした。

地表の異常変動とともに、我々の方法で累積変位を観測していけば、半年前に異常を察知し、累積変位の閾値を超えるほぼ一カ月前に危険度を確認できる。さらに地震直前のプレスリップの動きをとらえれば、ピンポイントで地震予測をすることも不可能ではない。

二週間遅れのGPSデータ

ただし、プレスリップ観測には、まだ大きな壁がある。なぜなら、国土地理院が公開し

【図 11】岩手県における差分累加 Y の動き

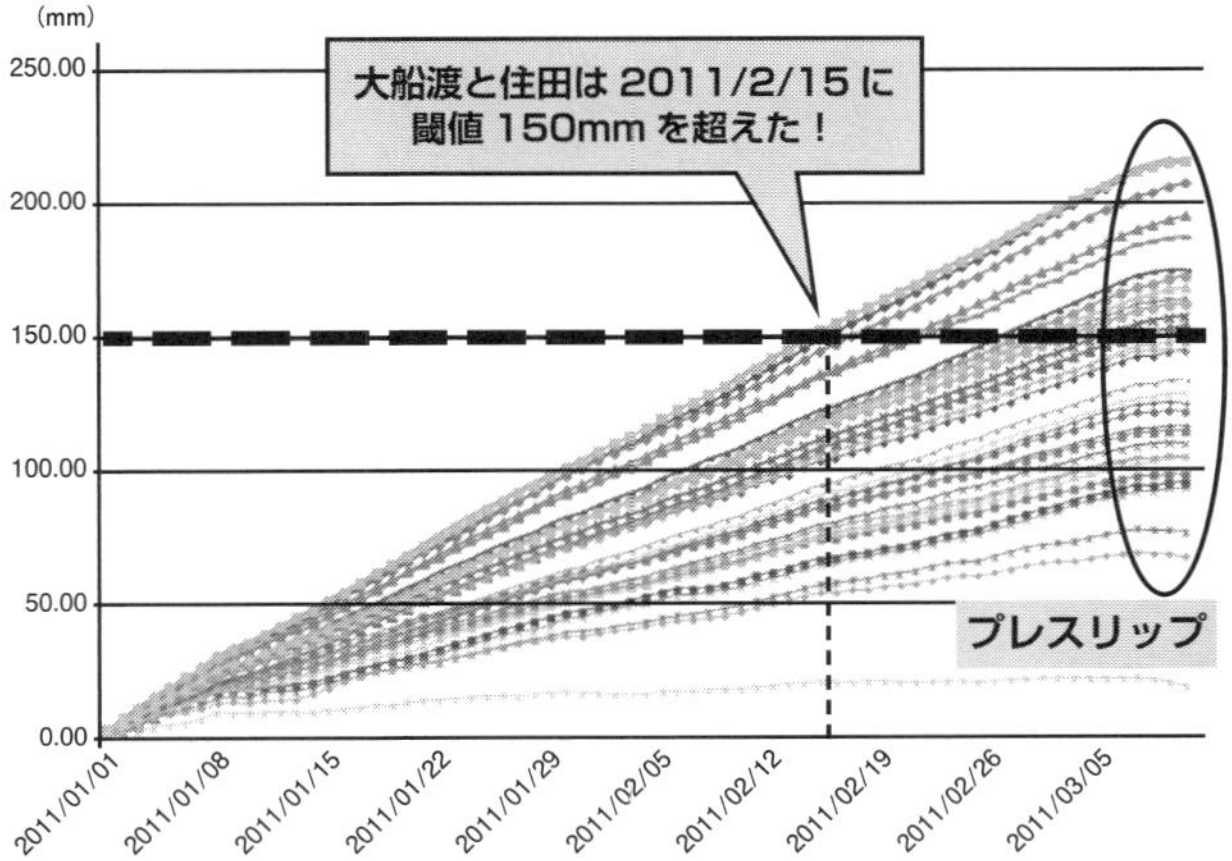

ている電子基準点のＧＰＳデータを我々民間人がダウンロードできるのは、リアルタイムではなく、二週間遅れであるからだ。研究者はリアルタイムのデータを入手できる場合もあるのだが、民間人の場合にはそれができない。

この二週間というブランクは、地震予測をしているときにかなり大きなハンデとなる。震源が浅い地震の場合は、異常が出てからすぐに起きてしまうので、間に合わないことがあるのだ。一度、栃木県の日光に地震の前兆と見られる動きがあり、メルマガに速報を出そうとした矢先にすでに地震が起きてしまったこともあった。ただ、すぐ起きる地震というのはせいぜい震度４以内で、それほど実害のない地震が多いので、私としてはある程度仕方ないとは思っている。

だが、手元にデータが届くのが二週間後であれば、非常に残念なことに、先ほど説明したプレスリップは見つからないわけである。ＧＰＳデータがリアルタイムで手に入り、数カ月前から危険地域に警告を出し、さらにプレスリップをとらえてピンポイントで警報が出せれば、これは本当にすごい社会貢献ができると私は思っている。

ただ、ほかに方法がないわけではない。前述したように、日本の電子基準点は一九九四

（平成六）年から国土地理院が整備し始めたもので、その当時は誤差が大きく、データ自体がまだ粗く、座標軸だけでの計算では正確性に欠けていた。それゆえ、一週間の移動平均を取ったり、三角形の面積の変動率で計算したりと、測量知識を使っていろいろな方法でアプローチしていたのである。ところがいまは科学の驚くべき進歩によって、衛星測位のシステムの座標の動きがミリ単位で測れる時代が到来しようとしている。

日本の電子基準点の数と密度は世界に誇れるものだとすでに述べたが、日本ほどの数ではないものの、世界にも電子基準点が点在している。世界に散らばっている電子基準点は、IGSというネットワークでつながっており、そのデータも一般に公開されている。日本にもそのネットワークを使える場所が一〇点ほどある。こちらの情報は二日遅れだが、ほぼリアルタイムで手に入るのだ。このリアルタイムのデータが一〇カ所しかないにしても、東日本大震災のような巨大地震は、震源地からかなり離れていても顕著な異常変動を観測できるのではないか。そのように私は仮説を立てている。

実際、東日本大震災のときには、北京《ペキン》や台北でも異常値が観測されていた。つまり、地球はつながっているのである。世界の衛星測位システムのネットワークを充実させ、連携を取り合えば、近い将来、遠く離れた日本以外の地域で起きようとしている巨大地震の前兆もとらえることができるようになるのではないだろうか。

さらに高速道路にも、崖《がけ》崩れなどの事故防止のためにGPSを置いて、異常を監視しているシステムがある。こちらもリアルタイムで監視しているので、こうした活動と提携して将来的にデータを共有し合えるようにしたい。大学や自治体などで独自に固定局をつくっているところもあるので、将来構想としては、十分に切り開いていける道だと思っている。

もう「後追い」はやめようと決意

大学を退官し、荒木さんに誘われて地震予測の研究に携わってから、一〇年近くがたっていた。その間、地震学の研究者たちからは変人扱い、異端者扱いされてきたが、検証研究を進めるほどに、我々の研究が世の中に役立つものだという確信が深まっていた。

そして、地震予測に積極的に踏み出す最後の決め手となったのが、多くの犠牲者を出した東日本大震災であった。この大震災の前兆をつかんでいたにもかかわらず、それを公表できなかったことへの後悔は私を打ちのめしたが、三・一一の後追い検証によって、自分の理論が正しかったのだと確信を得た。

しかし、地震が起きてから後追いで持論が正しかったと言っていても、何の役にも立たない。すでに犠牲者は出てしまっているのだ。

ここまで来た以上、もう「後追い」の検証研究はやめよう。これから起きうる地震を予測して、世の中のために尽くす道を探るべきだ。私はそう考えるようになった。

その考えの裏側で決心を鈍らせる気持ちもないではなかった。予測が外れた場合に負うリスクも大きいだろうし、不確かな道に踏み出そうとする際、東大名誉教授という肩書を取り巻く周囲の空気に、圧力めいたものも感じた。

だが、そんなことは取るに足らないことだし、すぐにどうでもよくなった。データを公表せず犠牲になってしまった人の数を思うと、もう足を踏み出すことに躊躇《ちゅうちょ》はなかった。

民間人が「地震予測」をしてもいいのか？――「予知」と「予測」の違い

これからは前向きに地震予測の道に踏み出そう、と決めたのはいいのだが、そこにはさまざまな壁が立ちはだかっていた。

まずはお役所である。東日本大震災が起きるまでは、電子基準点を地震「予知」の目的に使用することを、口頭ではあったが暗に禁じられていた。

地震や火山噴火などの自然災害に関しては、「予知」と「予測」という言葉の定義ははっきりと使い分けられている。これは地震学をやっている人たちのあいだでも混同されがちなのだが、「予知」という言葉は、いつ何日に、どこでどれくらいの規模の地震や噴火が起きるか、正確に言い当てることである。つまり警報が出せるレベルを「予知」という。「予測」のほうは、そこまで厳密には確定できないが、ある程度の期間内に、どのあたりに、このくらいの規模の地震が起きる可能性がある、といった情報を出して、人々への注意を促すものだ。

東日本大震災の後という時期も、状況的に逆風が吹いていた。日本地震学会が「地震の予知は現時点では非常に困難」と宣言するなど、お役所ともども地震予知に関しては及び腰になっていたからだ。

しかし、そんな逃げ腰でいいのだろうか。三・一一のような大きな犠牲を出し、被害地域以外でも日本中の人々が不安や痛みを抱えているとき、予知は無理でも、せめて予測をすることは国民的な要請であるはずだ。

私は、思い切って、地震を扱う役所の担当者に電話をしてみた。

「一民間人が地震予測をしてもいいのでしょうか?」と。

すると、「別に地震の予測はしても結構ですよ」と言うではないか。だが、いかにも上から目線な、次のような付け足しがあった。

「してもかまいませんが、ただし、役所としては、民間人による予測は占いとして扱います」

つまりは医療でいえば、民間療法のようなものである。それで結構。電話による口頭ではあったが、とりあえず「お墨付き」が得られたのだ。地震予測への新しい風が吹き始めた。「占い」扱いされたっていっこうにかまわない。それじゃあ、地震の占いをしようじゃないかと、私は居直った。

予測サービスの立ち上げ

とはいえ、地震予測への壁はまだ残されていた。民間人の「占い」サービスにお役所が資金的な援助をしてくれるわけもない。

膨大なデータ解析に基づく我々の地震予測を世間に発信するためには、人件費や、事務所費など最低限の経費を賄うビジネスモデルが必要だった。大儲《おおもう》けをするつもりなど毛ほどもなかったが、活動を続けられる一定の収益を確保しつつ、地震予測をコツコツと提供していくには、メディア報道をはじめ、世間にもインパクトを持って認知されることがまず先決であった。

しかし、地震予測というのは、あまりにも地味な情報提供である。果たしてビジネスとして成り立つのであろうか。ずっと学者として大学に定職を持っていた私は、ビジネスを立ち上げた経験もなく、まして収益を上げる戦略など、まったく見当もつかないありさまだった。

やる気と情熱だけは溢《あふ》れんばかりにあるのに、現実的な踏み出し方が分からず、私は足踏み状態だった。そんな私の転機となったのは、人との出会いだった。

二〇一二（平成二四）年一〇月。私は、ユニークな人生を歩んできた二人と出会った。橋田寿宏さんと谷川俊彦さんだ。橋田さんは、衛星放送関係の仕事をした後で映画のプロデューサーをしていた人で、谷川さんは、電気・電子関係の会社に勤務の後、薬品関係のビジネスをしていた。

この二人に、電子基準点データを活用して地震予測ができるという、私がほぼ一〇年かけてやってきた研究内容を話すと、彼らは目を輝かせて聞いてくれた。そして、地震予測の技術的なことには確信を持っているのだが、それをどう世の中に発信していくべきか悩んでいると正直に打ち明けたところ、「世界でまだ達成されていない技術で、世の中に貢献できる可能性が大きいなら、ぜひ協力したい」と申し出てくれたのだ。二人とも、東日本大震災の経験から、貧乏になってもかまわない、無給でもいいから世の中に役立つことがしたいと熱望していた。二人の熱意に、私はいたく感激した。一緒に船出ができるとは、思いもよらぬうれしい展開だった。

二人は私の地震予測の持論に関しては、理解と興味を示してくれたが、私の専門である測量の知識はまったくないに等しい。かくいう私も、測量屋であって、もともと地震の専門家ではない。それでも、地震はいつまた来るか分からない。グズグズしている暇はなかった。

とにかく地震予測サービスをする会社をつくろうと、私たちは合意した。私が顧問として地震予測のノウハウを提供し、橋田さんが社長、谷川さんが取締役として会社を運営することになった。と同時に、二人も私のレクチャーを受け、地震予測に関する基礎的な勉強にも奮闘し始めたのだった。

そして二〇一三年一月一七日、阪神・淡路大震災からちょうど一八年、東日本大震災から一年一〇カ月ほどがたったこの日に、株式会社地震科学探査機構（ＪＥＳＥＡ）が設立された。私たち三人が偶然出会ってから三カ月後のことである。ビジネスの立ち上げはドタバタではあったが、ついに地震予測サービスの会社がスタートしたのだ。

「週刊ＭＥＧＡ地震予測」の配信

地震科学探査機構（ＪＥＳＥＡ）という名前は、いかにも大手スポンサーがついていそうな大それた感じだが、実態はいかにも心細いものだった。

資本金は橋田さんから三一〇万円、私が二九〇万円で合計六〇〇万円。最初はせめて事務所をと、名義だけの貸事務所を月三万円ほどで借りていたが、それでも無収入の経営状態で経費がもったいないということで解約し、知り合いの会社で郵便物だけを受け取るようにした。

橋田さんは、一年間は無給で頑張るという。谷川さんはまだ子供が小さいので無給というわけにはいかないがスズメの涙でいいという。もちろん、私の顧問料もなしだ。しばらくして衛星測位システムによる地震予測の元祖である荒木さんにも顧問として加わっていただいたが、やはり無給であった。

問題は会社を運営していくビジネス資金をどう調達するか、そのビジネスモデルの具体的な戦略であった。私たちは知恵を絞って話し合った。ここで橋田さんが、いまのJESEAの原型となるビジネスモデルを発案したのだ。個人会員を相手に、安い値段で地震予測の情報を発信する会社にしたらどうかという提案であった。安いといっても個人差があるが、ワンコイン五〇〇円ではまだ高い。コーヒー一杯の値段より安くして誰でも気軽に会員になれるようにしたいという。

彼にはすでに具体的な策があった。一人当たり月額税別二〇〇円にして、配信会社からメルマガ会員に地震予測の情報を配信する、というもの。私にははじめから考えもつかないことだった。だが、メルマガ配信会社が手数料として約四五パーセントを取るという。すると実収入は会員一人当たり一〇〇円ほどだ。いったい何人が会員になったら会社の経営として成り立つのだろう。それすら計算がおぼつかなかったが、こんな素晴《すば》らしいアイデアが出たのだから、お金のことを心配するのはやめることにした。

何度も言うが、儲けなど度外視で始めたことだ。資本金がなくなるまで、たとえ短くてもいいから世の中に向けて地震予測の発信をしたかった。

こうして二〇一三（平成二五）年二月七日、私たちの活動に賛同してくれたわずか二四人の会員に向けて「週刊MEGA地震予測」というメルマガの配信を始めたのだった。

この時点から同年八月までは、関東版と近畿《きんき》版だけしか予測を配信できなかったし、最初のうちは誌面構成もお粗末であった。しかし、我々は、試行錯誤で、どうすればより分かりやすく、丁寧に地震予測の情報を伝えられるか、日夜メルマガの内容を改善し、会員確保の努力を続けた。

四月には、橋田社長が、以前の映画関係の仕事のつてで、映画監督の岩井俊二さんを紹介してくれた。岩井監督は東日本大震災をきっかけに「ロックの会」というワークショップを立ち上げていて、そこで私に地震予測の講演の機会を与えてくれ、有難いことにそれを機に会員は一〇〇名近くに増えた。

それでも、ＪＥＳＥＡの月収は一万円ほどで、相変わらずの無給状態が続いた。

メディアの話題になり、会員が一気に増える

さらに会員を増やすためには、メディアに取り上げてもらい認知度を高める必要があった。

さすが映画のプロデューサーの仕事をしていただけあって、橋田社長は顔が広く、彼のつてで「週刊ポスト」が特集を掲載してくれることになった。ずっと学者畑にいた私は、その記事のタイトルを見て、顔から火の出る思いだった。『地震予知で特許を取った異端の東大名誉教授の「警鐘」』である。確かに異端であったし、肩書もその通りではあるが、

なんともセンセーショナルな扱いである。扱われ方はなにやら気恥ずかしいものがあったが、記事自体には私の理論がきちんと書かれていて、うれしかった。

この記事を契機に、男性誌、女性誌、夕刊紙など、さまざまなメディアが私たちの活動を取り上げてくれ、会員数は順調に増えていった。

しかし、なんといっても影響が大きかったのは、テレビメディアである。二〇一四（平成二六）年三月九日放映のフジテレビ「Mr.サンデー」での特集に出演し、序章で書いたように「南海地方に三月末までに来ます」と明言した。そしてその五日後の三月一四日に、南海地方に含まれる伊予灘でマグニチュード6・2、震度5強の地震が発生したのだ。

テレビでの情報伝達の威力はすごいとあらためて感じさせられた。予測通りの大きな地震が起き、しかも震度5強の大きな地震にもかかわらず一人の犠牲者も出なかったことは、世間の大きな関心を引いた。これによってメルマガ会員数は一気に一万人を突破した。

二〇一四年五月五日の東京直撃地震や、その直後の五月一三日に首都圏を襲った地震についてもメルマガでの予測が的中したということで、再び週刊誌が特集を組むなどして、会員数は順調に増え続けた。

こうして、一時は倒産寸前まで追い込まれていた会社が何とか持ち直し、机を三つほどおける事務所も持つことができたのである。ほとんど無給で、持ち出しで働いてくれた二人にも、ささやかながら給料を払えるようになった。

大学を退官して、これからのんびり余生をと思った矢先に、こんな無謀な挑戦を始めた夫に「あなたは忙しくしていないと気が済まない人ね」と、妻は半ばあきれている。変人と言われようと、一度興味を持ってのめり込むと、自分の中で解が出るまでなかなか探究心を止めることができない。根が貧乏性なのかもしれない。そんな私に力を貸してくれる人が現れたのだから、世の中捨てたものではない。

とにもかくにも、よき協力者を得て、私と荒木さんが二人三脚でやってきた地震予測の研究が、ようやく日の目を見ることになったのである。

第二章　日本列島はどこもかしこも歪んでいる

浅い断層図だけでは分からない地下の動き

ＪＥＳＥＡの経営を軌道に乗せる際、メディアの効果が大きかったことは私も認めるし、有難かったと思う。私の記事の取り扱い方もセンセーショナルなものであったが、それが受けるのは、それだけ人々の危機意識が高いということでもあろう。

週刊誌だけでなく、東日本大震災の後は、今後、巨大地震がいつ来るかという可能性について、地震学の専門家をゲストに呼んで解説を聞くというニュース番組や特集番組も増えている。

彼らは地震学者だから、当然、地震の起きる仕組みを理学的アプローチから説明する。もちろん私も、地震の発生メカニズムを理学的に解明することは重要な研究だと思っている。

第一章で、地震を病気にたとえて、体の表面に出た発疹やくしゃみなどの症状から内部に隠れている病巣を探る方法だと説明した。このたとえでいえば、地震学者のアプローチは、肝臓などの内臓にどのような理由で異変が起こり、病巣が形成されるに至ったか、病気の根本を追求する作業である。これを追求するには、患者の解剖をしてその組織を調べることが最大の近道である。

地震でいえば、体内の病巣を確認するには、地表の何十キロメートルも下にあるプレートや断層がどうなっているか「解剖」してみればいいわけである。

ところが現実に使える観測機械は、地表の揺れを測る地震計と、地下に埋めてあるひずみ計である。この装置のみでは、地球の複雑な構造を解明することは難しい。

たとえば関東平野はローム層で、火山灰や堆積物で埋まっているため、ボーリングをして地下の構造を調べるといっても、せいぜい深くても三〇〇〇メートル程度であろう。

地上から二、三キロメートルというのは、地球規模でいえばほとんど地表である。浅い地震でも震源が地下一〇キロメートルくらいだ。深い地震は、震源が八〇キロメートル、一〇〇キロメートルというような、とても人間の手の及ばない深いところで起きているのだ。二〇一三（平成二五）年にカムチャツカで起きた地震は、オホーツク海大陸棚の六〇九キロメートルという深さの地点で発生している。こんな深いところで起きている地震を、地表に現れている断層や地震計だけで予測するのはほぼ不可能といっていい。

その意味で、地震学者がよく言う「プレート理論」を信用しすぎるのも私は危険だと思っている。「地震の起きる仕組み」といって、教科書などにプレート図が載っており、海のプレートが陸のプレートの下に滑り込むことでエネルギーがたまり、ある日、プレートの境界でそれが跳ね返り巨大地震を発生させる……。こんな図や解説を見たことがある人は多いと思う。地震学の権威という人がそれを説明するのだから、日本人の多くが、地震はプレートの動きで起きる、それが地震の起きる仕組みだと信じていると思う。

しかし、この仮説は、あくまで想像にすぎないのである。地球はこれまでのあいだ、隆起・沈降や火山噴火、大陸移動などの地殻変動を何度も繰り返してきたと思われる。そんな地球の内部を、浅い断層図や、プレートの動きの単純なモデルだけで説明するのは、とても無理なことだと私は考えてきた。

地震の確率論は当てになるか?

もう一つ、私がずっと疑問に思ってきたことがある。それはすでにいろいろなところで公になり、週刊誌やテレビの特集でも取り上げられてきた、首都直下地震や東海地震の確率論である。どちらの地震予測も「この先●年以内に起きる確率は●パーセント」という、人々の恐怖をあおるような数字をはじき出し、タイトルに大きく記されていた。

この地震の起きる確率がどうして出されるのか、私にはずっと分からなかった。そこで、この確率論がどうやって導き出されたのか調べてみた。私自身も驚いたのだが、その中身は意外なものであった。

この確率●パーセントという数字に根拠がないかといえば、そうではなかった。「グーテンベルグ・リヒター則」という法則に基づいて計算されたものだったのだ。

これは、ドイツの地震学者ベノー・グーテンベルグとアメリカの地震学者チャールズ・リヒターが一九五〇年代に見出《みいだ》した、地震の発生頻度と規模の関係を表す法則で、「小さな地震が起きる確率と、大きな地震が起きる確率との比は常に一定だ」というもの。横軸にマグニチュード、縦軸に地震の頻度を取って、対数目盛で計算すると、右肩下がりの直線になっていく。当たり前といえば当たり前なのだが、大きい地震ほど頻度が少なく、小さい地震ほど頻度が多い。つまり、大きい地震はめったに起きないということを言っているにすぎないのである。

さらにいえば、小さい地震がどんどん起きると、右肩下がりの直線の値も上がっていく。その数値が上がれば、大きい地震の数値も底上げされる。その確率が何パーセントと彼らは言っているのだ。

理論だけでは分かりにくいので例を挙げてみよう。たとえば一九二三（大正一二）年の関東大震災であれば、同じような震源、深さの地震を過去にさかのぼって小さなものから大きなものまですべて数え上げるわけである。関東大震災はマグニチュード7・9で、多くの死傷者が出たが、その前後には、近隣で起きたマグニチュード4や5ほどの中小の地震が何千とある。こうした小さな地震がたまると、大きな地震が一定の期間内に起きるというのが、グーテンベルグ・リヒター則の確率論なのだ。「首都直下地震が何年以内に起きる」という予測は、そんな統計確率論から導き出されたものであった。

そういった実態を知って、私は少々落胆してしまった。地球の地下の構造やメカニズムから導き出された予測ではなく、確率論をベースに出された数字だったのである。それがまことしやかに公表され、人々がそれを本気で信じて右往左往しているとしたら、これはじつに無意味なことだ。

大体、この確率論は、過去に起きた大きい地震だけを基準に出しているもので、それがないと計算ができないというのも最大の弱点である。

いまや、週刊誌や新聞で、首都直下地震の確率が高まったと騒いでいるが、何のことはない。二〇一一年三月以来、東日本大震災の余震が中小含めてたくさん起きていることで、確率が上がったと言っているだけなのである。

一〇〇〇人以上死者の出る地震が一三年に一度起きている

世界にはいくつか地震の多発地帯がある。スマトラ、ソロモン、チリ。日本もその一つである。いまの地震の予知・予測の主流は、こうした多発地帯ですでに起きた地震を唯一の手がかりにした統計学、確率論なのである。

しかし、過去に起きた大地震を手がかりにして、これから起きる地震の予測が本当にできるのだろうか。過去に起きなかったところはどうなのかといえば、まったく分からないのがこの統計学の泣きどころなのだ。いい例が一九九五（平成七）年に起きた阪神・淡路大震災である。一〇〇〇年も大きな地震などまったくなかった神戸に、突然起きた。これだけでも、何年説などというのは当てにならないことが分かるだろう。

この阪神・淡路大震災も含め、日本で一〇〇〇人以上が亡くなった大地震は、過去四〇〇年に三〇回起きている。その間隔はじつにランダムで、何年説という法則はまるであてはまらない（図12「過去四〇〇年の大地震」）。

たとえば、一九四三（昭和一八）年から四六年までの四年続けて、鳥取地震（一九四三）、東南海地震（一九四四）、三河地震（一九四五）、南海地震（一九四六）と、一〇〇〇人以上が亡くなる巨大地震が起きている。さらにその二年後の一九四八（昭和二三）年の福井地震では、約三八〇〇人もの人が亡くなっているのだ。ところが、その後は一九九五年の阪神・淡路大震災まで五〇年近く空白があり、その間は一〇〇〇人以上の犠牲者が出るような大地震は起きていない。

この時期はちょうど日本の高度成長期で、高速道路をはじめ、さまざまなインフラが超特急で整備され始めた時期である。この大地震空白の時期にそれができたというのは非常にラッキーであった。

それに比べて日本史上最悪だったのは、一七〇〇年代に起きた元禄地震と宝永地震だろ

【図 12】

400 年間で 30 回（平均 13 年に 1 回）の死者 1000 人以上の大地震がありました。

■1600 年代 ･･･ 5 回

1605 慶長地震、1611 会津地震、
1611 慶長三陸地震、1662 近江・山城地震、
1666 越後高田地震

■1700 年代 ･･･ 7 回

1703 元禄地震、1707 宝永地震、
1741 北海道西南沖地震、1751 越後・越中地震、
1766 津軽地震、1771 八重山地震、
1792 島原大変肥後迷惑

■1800 年代 ･･･ 8 回

1828 越後三条地震、1847 善光寺地震、
1854 伊賀上野地震、1854 安政東海地震、
1854 安政南海地震、1855 安政江戸地震、
1891 濃尾地震、1896 明治三陸地震

■1900 年代 ･･･ 9 回

1923 関東大震災、1927 北丹後地震、
1933 昭和三陸地震、**1943 鳥取地震、**
1944 東南海地震、1945 三河地震、
1946 南海地震、1948 福井地震、
1995 阪神・淡路大震災

■2000 年代 ･･･ 1 回

2011 東日本大震災

巨大地震の起きた年を見ると、50 年間も起きていない時期もあるし、
連続的に起きた時期もあります。
2000 年代にあと 6～8 回の大規模な地震が起こる可能性が高いのです。

う。元禄地震（一七〇三）は、モデルでいえば相模《さがみ》トラフで起きた関東大震災に少し近い。その四年後に南海トラフ三連動による宝永地震（一七〇七）が起きたのだ。宝永地震の四九日後には富士山の大噴火が起きて、せっかく復興した東京、当時の江戸にも数センチの火山灰が降り注ぎ、再び大打撃を受けることになった。連続するときはこれでもかというほど、最悪の事態を呼び込むのである。

阪神・淡路大震災が起きてから一六年後に、東日本大震災が起きた。どうだろうか。昭和以降の地震を見ただけでも、統計的な確率計算や、間隔の法則にあてはまっていないのがお分かりいただけるだろう。

「これから●年以内に首都をパニックに陥れる巨大地震がやってくる！」などと公言するのは、我々から見れば、いたずらに人々の恐怖心をあおっているようにしか見えない。いまだ地震が起きていない場所に起きる可能性はいくらでもあるのだ。

断層のない場所でも大地震は起きる

もう一ついえば、よく地震学者のいう「断層」のあるなしも、あまり当てにならないと私は考えている。

一九四三（昭和一八）年に起きた鳥取地震では、一〇〇〇人以上の方が亡くなっているのだが、ここには断層がないのである。首都圏もローム層に覆われて断層が発見されにくいので、直下型の地震が来るとすれば鳥取地震がモデルになるといわれている。

私は土木で力学もやっていたので、断層の力学はある程度は理解しているつもりだ。一枚の大きな岩盤があるとすれば、断層というのは、岩盤が壊れた後のひび割れである。確かに地震のときは断層のそばはたくさん動くので、被害は大きくなる。地震というのは弾性体の破壊なので、塊がばきっと折れたり、あるいは地滑りのように崩れ落ちたりする。であるから、断層がなくても、ある岩盤が割れれば地震は起きるし、大きな塊が落ち込んでも大地震につながる。今回の東日本大震災は、東北地方の大きい塊がドスンと海のほうに動いたというのが、電子基準点の動きから見た私の見解である。

さて、このように見てくると、統計論や確率論、さらに断層からの地震予測も、これから起きる地震の予測には、あまり役に立たないのではないか。それならば、いまや驚異的な精度を誇る衛星測位システムから得られるデータを利用し、毎日、地殻や地表の異常変動を見ながら診断する我々の工学的アプローチのほうがずっと科学的ではないか。そう自負するのだが、皆さんはどう思われるだろうか。

日本で一〇〇〇人以上死者の出た大地震は、四〇〇〇年間で三〇回起きているわけなので、確率論などではなく、単純計算すれば平均一三年に一回ということになる。とすれば、いつ、どこに起きるかは分からないが、目安として今世紀中にあと六～八回、大きな地震が来ると考えられる。

ＪＥＳＥＡを立ち上げるとき、「グズグズしていられない」と私が思ったのは、いつそんな大地震の前兆が観測されるか分からないからだ。一年後かもしれないし、すぐ明日のことかもしれない。以前のように数十年の空白の後、連続して巨大地震や噴火が重なるかもしれない。その前兆を見逃すまいと、我々は日々、診断の精度を上げようと試行錯誤を重ねているのである。

四つの分析方法から異常を監視

さて、現在ＪＥＳＥＡの「週刊ＭＥＧＡ地震予測」が、具体的にどんな方法で地震予測をしているか、ここで紹介しておこう。第三章で、あらためてメルマガの見方を紹介するが、ここでは我々がどんな視点から地震を監視しているか、その方法論を知っておいていただきたいからだ。

現在我々は、四つの分析方法によって、地震の前兆を観測し、その解析をできるだけ分かりやすく情報として提供している。

まず「週間異常変動」。国土地理院が二週間遅れで公開している七日分のデータを分析し、各地点の七日間で最も高い値と低い値の差が四センチを超えるものを、注意・警戒の対象として日本地図の図版入りで紹介している。四センチ以上地表が動くというのは非常に大きな変動であり、そこに何らかの異常があると見るからである。

二つ目は「隆起・沈降量」。一年または二年前の高さから地表がどの程度隆起、または沈降しているかを分析するもの。地球の表面は常に上下左右に微妙に動き続けているが、どの地域が異常な隆起現象を見せているか、あるいは沈降しているかは、地震予測の大きな目安になる。これらの方法は特許出願中である。

三つ目が、第一章で紹介した、我々が最初に特許を取った「三角形面積変動率」。これは三つの電子基準点を結んだ三角形の面積の変動率を計算して、三次元の視点から地表のひずみを測る方法である。

そして最近取り入れたのが、三・一一の東日本大震災で検証研究した際、非常に重要だと確信した「累積変位」。この累積変位は、日々のデータの高さ（H）の二年前との変位差を六カ月間（約一八〇日）累積したものだ。隆起及び沈降の積分値であり、長い期間にわたってどのくらい異常がたまっているかを見ることができる。メルマガでは三カ月ごとに累積変位マップを掲載している（図13「2014年9月24日メルマガ　日本列島累積変位マップ」）。このマップを見てもらえば、三・一一以降、列島全域にいかに隆起・沈降によるひずみがたまっているか、ひと目でお分かりいただけるだろう。

第一章で、三・一一の前兆現象として宮城県や岩手県の累積変位を紹介した。後追いではあるが、この累積変位の検証が、いままでとらえることのできなかった初のプレスリップ（前兆滑りともいう）観測にもつながった。一日ごとの変化は小さいが、長期にわたってひずみの値を足していくと、大きな差になり、大地震の前兆を仔細《しさい》に監視していける非常に有効な方法だと思っている。

【図 13】2014 年 9 月 24 日メルマガ
日本列島累積変位マップ

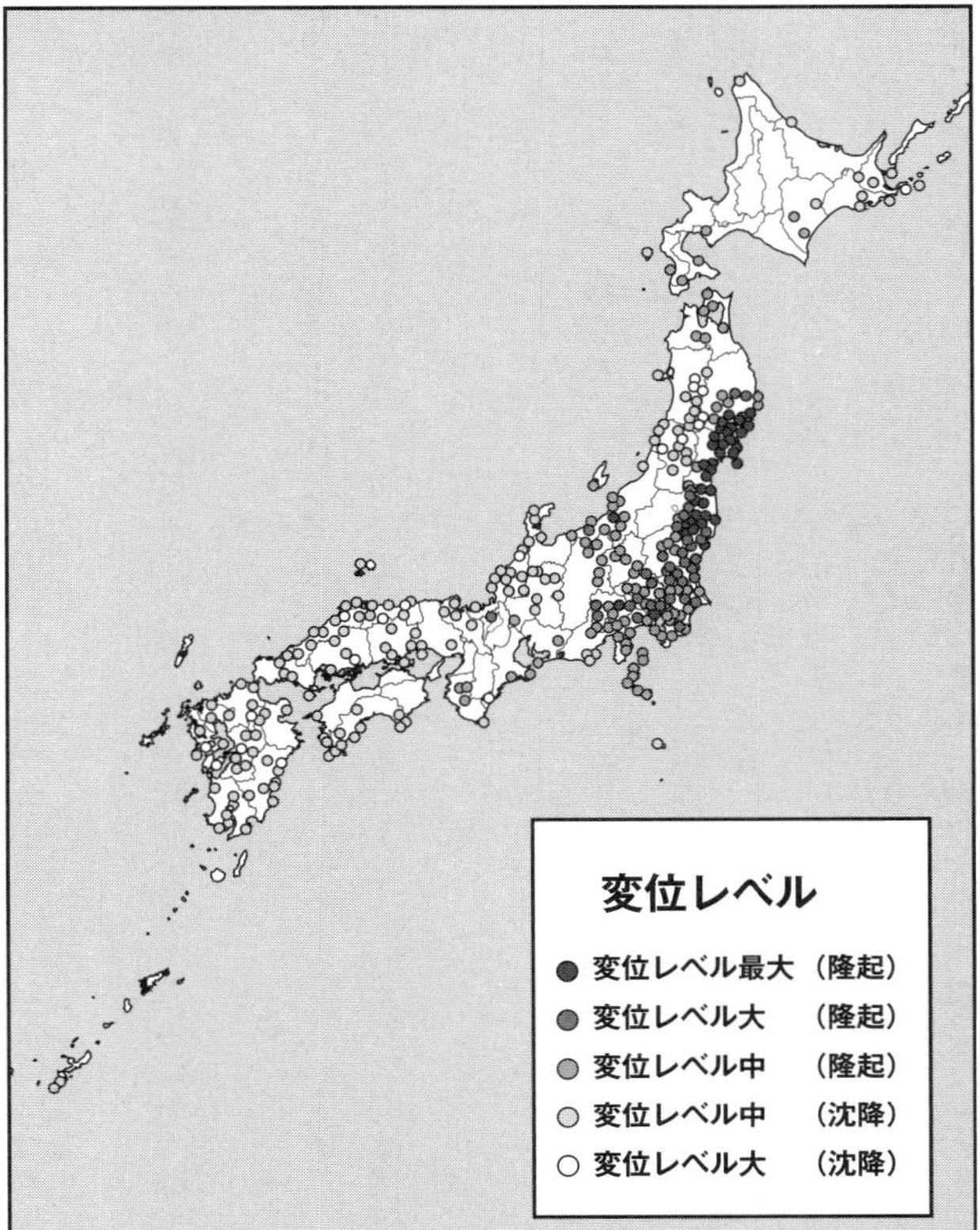

こうした四つの監視方法で、電子基準点のデータを見ていくと、いかに地球が軟らかくできているかが手に取るように分かる。

大きな地震の前には数センチの単位で地表が動くのが観測でき、さらにその動きをほかの方法で解析してみると、どの地域にひずみがたまり、どの地域にどのくらいの規模の地震が発生しそうか、地球の動きが診断できるのである。

いまでは五〇近い人工衛星を用いた衛星測位システムによって、その精度は格段に上がり、誤差はほんの五ミリ程度。数年たてば、一、二ミリにもなろうかという正確さである。座標の値にまだ誤差があったころは、当時特許を取った三角形面積の変動率を加えないと精度が粗くて使いものにならなかったが、いまは点の座標の動きだけでもかなり正確な情報をつかむことができるようになった。

加えて、地表の診断がスピードアップできるようになったのは、衛星測位システムの進歩だけによらず、二〇〇七年ごろを機に、計算機の飛躍的な進歩で、データを分析する複雑な計算が短時間でできるようになったためだ。研究を始めたころ、何時間、何日もかけて数式と取り組んで格闘していた日々を思うと、まるで別世界に来たようである。メルマガのスピーディーな配信ができるのも、こうした科学の進歩のおかげだ。

三・一一前に起きたメガ地震の特徴

日本は言うに及ばず地震の多発地帯である。地震を経験したことのない外国人であれば、震度3くらいであっても「地面が揺れている」こと自体に恐怖し、大騒ぎするが、地震慣れしている日本人であれば、震度3、4くらいの地震ではさほど驚かないものだ。

しかし、同じ地震でも、さまざまな顔（特徴）がある。私が地震予測の研究を始めたきっかけとなった二〇〇三（平成一五）年の十勝沖地震に関してはすでに紹介したので、ここでは、三・一一前に起きた、震度5以上の特徴的な地震について分析してみたい。

なお、ここでいう特徴とは、前兆現象に見るそれぞれの現れ方の特徴のことである。

●「揺らぎ」が繰り返された福岡県西方沖地震（二〇〇五・三・二〇）

福岡県西方沖地震は、二〇〇五（平成一七）年三月二〇日一〇時五三分、福岡県北西沖の玄界灘で発生した最大震度6弱の地震である。地震の規模はマグニチュード7・0。

この地域には過去にマグニチュード7クラスの地震はめったになく、歴史的に地震が起こりにくいと認識されてきた地域で発生したものだ。その意味では地震学者にとっても、想定外の珍しい地震であったといえる。しかし、電子基準点データでは異常が出ていた。

この地震の前兆現象については、荒木さんともずいぶん議論したのだが、前兆の現れ方が分かりにくく、解析に戸惑ったことを覚えている。

十勝沖地震は一発できれいな前兆現象がデータに現れたのに比べ、福岡県西方沖地震の場合は、グラグラと異常変動が出るものの実態がはっきりせず、そのグラグラが何度も続いて出るという珍しい現れ方だった。荒木さんはその現象を「揺らぎ」と称したが、その揺らぎが四、五回続いた後、マグニチュード7・0の地震が発生したのである。

この地震は、後追い検証ではあったが、これまでにない特徴を持った前兆を知る一つのパターンとして、とても参考になる地震であったと思う。

（図14「福岡県西方沖地震の前兆」）

【図 14】福岡県西方沖地震の前兆

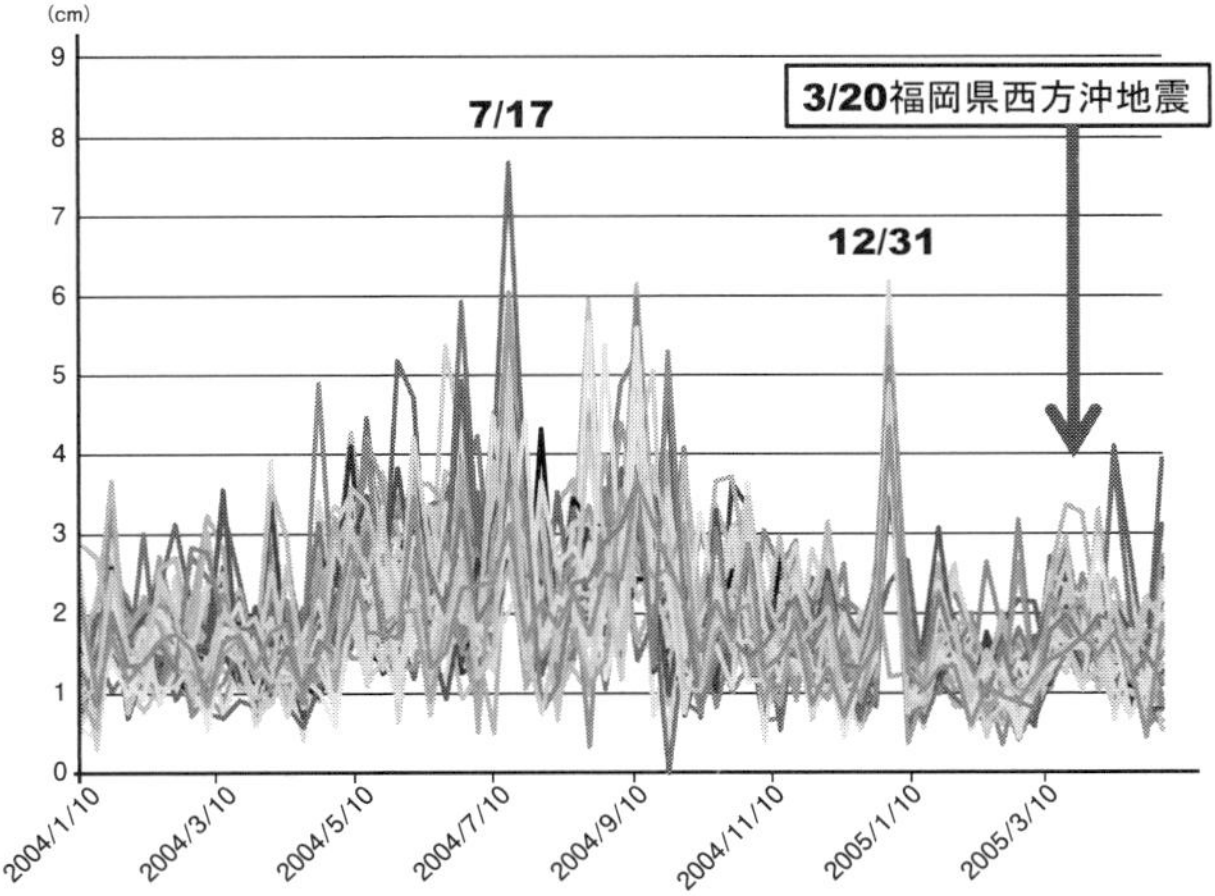

・非常に前兆が明瞭《めいりょう》だった中越沖地震（二〇〇七・七・一六）

二〇〇七（平成一九）年七月一六日一〇時一三分に発生した中越沖地震は、新潟県中越沖（新潟市の南西約六〇キロメートル）を震源とする地震である。マグニチュードは6・8、最大震度は長岡市などで6強を観測した。中越地方では二〇〇四（平成一六）年にも新潟県中越地震が起きているが、このときもマグニチュード6・8、震源の深さ一三キロメートルの直下型地震であった。

中越地震では、地震で起きた土砂崩れの中に車ごと小さな男の子が埋まってしまい、二次災害が起きそうな劣悪な環境の中で、消防士やレスキュー隊の方によって小さな命が助け出されたニュースは印象的であった。

中越沖地震も、検証では、非常に明瞭に前兆が出ている。図の矢印に示すように、約二カ月半前に四センチ超の一斉異常変動が見られた。

（図15「中越沖地震の前兆」）

【図 15】中越沖地震の前兆
検証例：新潟中越沖地震 2007.7.16、M6.8、震度 6 強
2 カ月半前に一斉異常変動の前兆があった

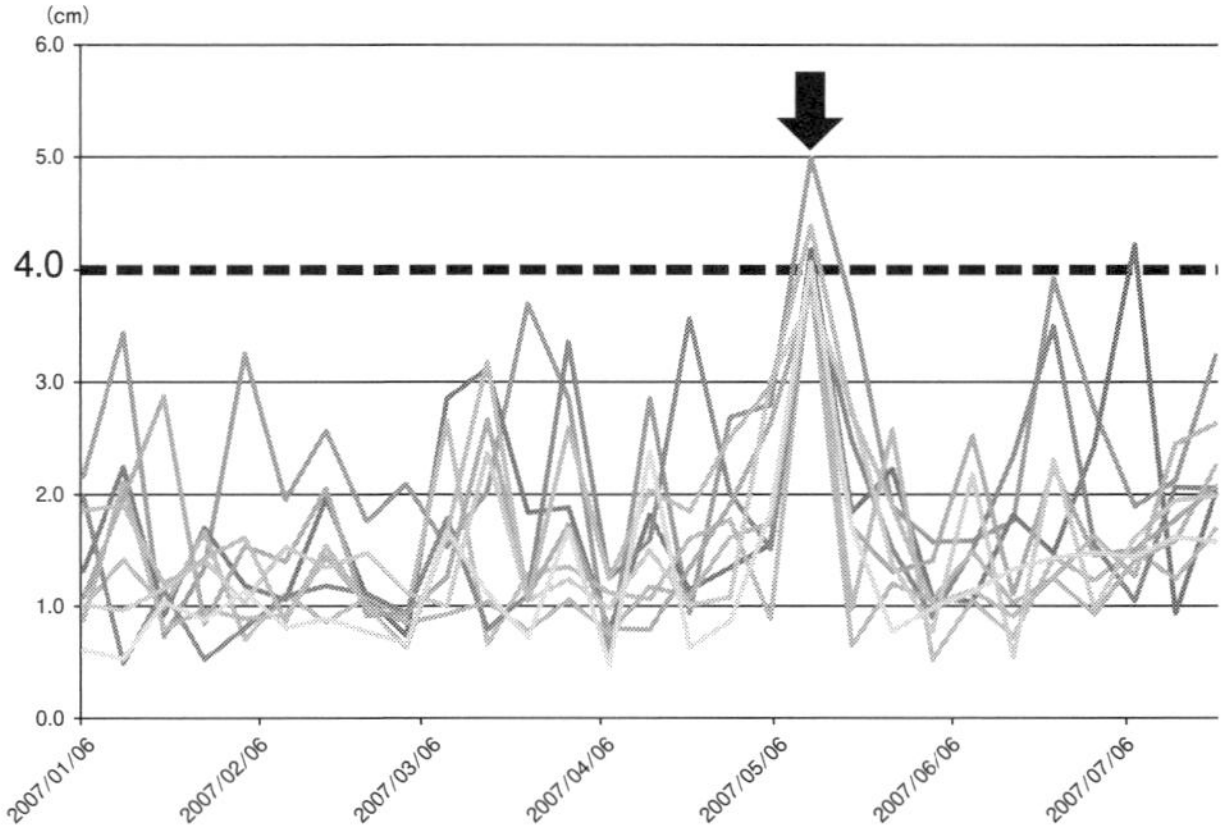

・地滑りが特徴的だった岩手・宮城内陸地震（二〇〇八・六・一四）

二〇〇八（平成二〇）年六月一四日八時四三分に岩手県内陸南部（宮城県仙台市の北約九〇キロメートル）で発生した、マグニチュード7・2の大地震。これは、大きな特徴として、私の知る限り最大級の地滑りが起きた大地震であった。

同県奥州市と宮城県栗原市において最大震度6強を観測したが、被害地域が山林、過疎地であったので、震度のわりには建物被害が少なかったといえる。ただ土砂災害はひどく、地滑り、崩落が起きて、高さでいえば一〇〇メートルも滑り落ちたのである。栗駒ダムによって土石流は止まったものの、栗駒の旅館が流され、何人かの犠牲者が出てしまった。被災地が過疎地ではなく、人の住む集落があったなら、あれだけの土砂崩れ、滑落があれば、相当の犠牲者が出ていたはずである。

この地震の前兆現象もクリアに出ている。図の矢印で示すように、約四カ月半〜四カ月前に一斉異常変動が見られた。

（図16「岩手・宮城内陸地震の前兆」）

【図 16】岩手・宮城内陸地震の前兆

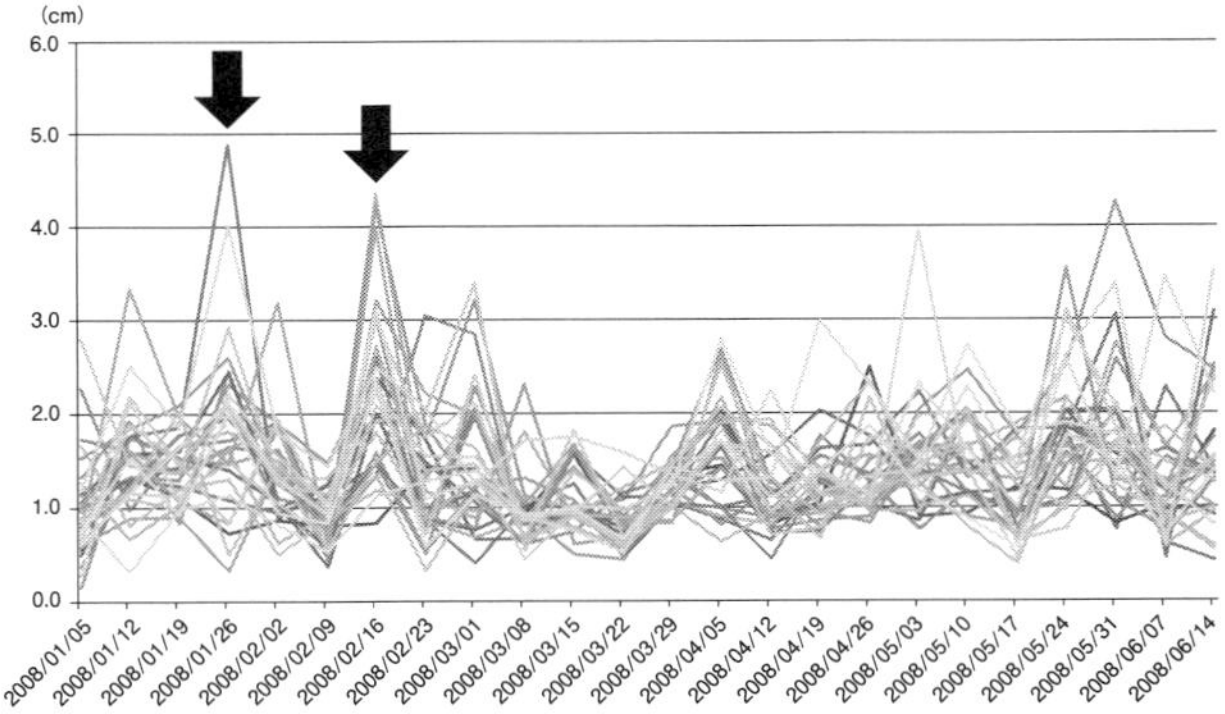

・四つの電子基準点で異常が鮮明に出た駿河湾地震（二〇〇九・八・一一）

二〇〇九（平成二一）年八月一一日五時七分に静岡県御前崎沖の駿河湾で発生した地震で、マグニチュードは6・5、最大震度は御前崎市や焼津《やいづ》市などで震度6弱を観測した。

震源は御前崎沖の海底であるが、その周辺にある、中川根、伊東八幡野、富士宮1、静岡清水市1の電子基準点の動きを見てほしい。駿河湾地震の起きるちょうど一ヵ月前に、一斉に大きく隆起して沈降するという前兆現象が鮮明に示されている。

マグニチュード7、8クラス以上の巨大地震になると、こうした前兆現象が半年前から出ていることが多いが、マグニチュード6クラスのこの規模の地震の前兆は、三週間～一ヵ月前に出るということも、検証研究で分かってきたのである。

（図17「駿河湾地震の前兆」）

三・一一以降に起きたメガ地震

三・一一以降に起きた大規模な地震に関しては、伊予灘地震などすでに紹介したものも

【図 17】駿河湾地震の前兆

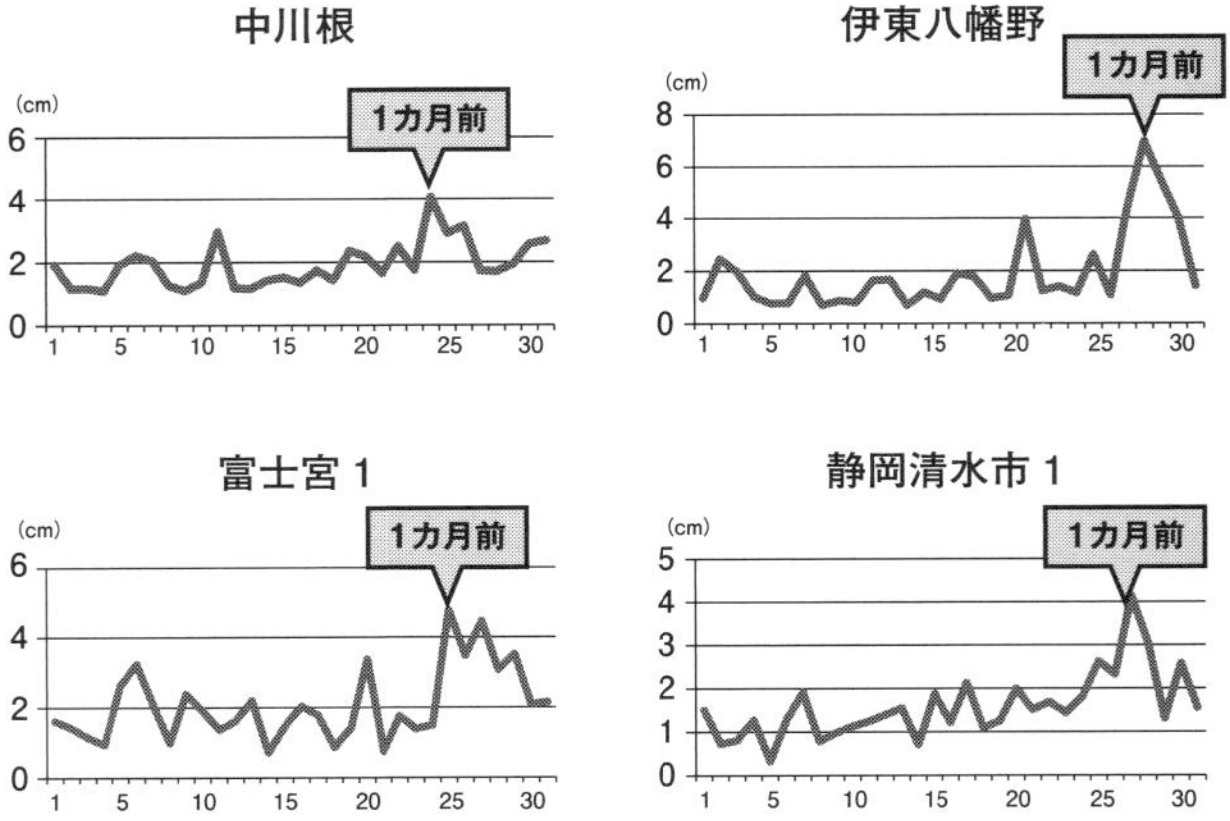

あるが、ここでまとめて前兆現象を列挙してみたい。二〇一三（平成二五）年二月からは、メルマガで地震予測サービスを開始し、大きなクラスの地震に関してはほぼ異常変動を察知し、注意や警告を出すことに成功しているが、もちろん一〇〇パーセントではなく、中には予測できなかったものもある。

最初に紹介するのは、あまりに震源地から離れ、しかも震源が深かったために、地震を予測できなかった鳥島近海地震である。こうしたケースにはこれからも出会うであろうし、その都度、新しい解析方法を加えるなど、改善が必要だと考えている。この鳥島近海地震は、そうした改善のヒントを与えてくれた地震でもある。

・震源が深すぎてキャッチできなかった鳥島近海地震（二〇一三・九・四）

二〇一三（平成二五）年九月四日九時一八分ごろ、東京から五八二キロメートル離れている鳥島の近海で、マグニチュード6・9の鳥島近海地震が起きた。震源は地下四〇〇キロメートルときわめて深い。そのためか、マグニチュードは大きいのだが、震度4は宮城県、福島県、茨城県、栃木県、埼玉県、千葉県、神奈川県の七県にまたがり、震源に近い伊豆諸島は震度2であった。

我々は、この地震を予測できなかった。

震源が深すぎて、地表にある電子基準点に前兆が現れなかったのだ。あらゆる地震を予測すると標榜《ひょうぼう》してJESEAを立ち上げたのに、前兆現象が出てこない例があったことに、私は少なからずショックを受けた。かつて電力会社と協力して一六二の地震の検証をしたときも、すべて前兆現象をキャッチできたのだ。

鳥島近海や小笠原諸島西方沖、東海道南方沖などの海域では、しばしば深さ三五〇キロメートルから五〇〇キロメートル前後の深発地震が発生している。このときの地震で鮮明な前兆が出なかったということは、おそらくゆっくりとひずみがたまって起きるタイプの地震だと考えられた。前に述べた、がん細胞がゆっくりと増殖していくタイプの地震である。その症状は、なかなか体の表面（地表）には出にくい。

そこで、前述した「累積変位」という新しい解析方法を、二〇一四年の三月末から試みることにしたのである。

●千代田区で震度5弱を観測した伊豆大島近海地震（二〇一四・五・五）

鳥島近海地震が予測できなかったことをきっかけに、新たな解析方法として「累積変位」を試みたことで、明らかになった前兆現象があった。次ページに示しているのは、二〇一四（平成二六）年三月二六日のメルマガで公表した図版である（図18「首都圏に累積変位がたまっている」）。ここに見られる黒い点（歪レベル最大）は、二年前と比べると、累積したひずみがたまって、一〇センチほど隆起していることを表す。図で見ると明らかだが、東北及び、東京、神奈川県、千葉県、埼玉県などの首都圏に、累積のポイントが集中しているのが分かるはずだ。

東北地方の隆起に関しては、三・一一のときに、太平洋側が沈んで、日本海側が盛り上がったものが、いま、もとに戻ろうと太平洋側が隆起し始めているということで説明がつく。しかし、関東地方にこれだけの隆起が見られるのは、それとは別の現象と考えられた。

これだけ首都圏に閾値を超える危険信号が、多数点で点灯しているのは、明らかに異常の前兆現象だと確信した。公表することへの慎重意見もあったが、勇気を出して四月

【図 18】 首都圏に累積変位がたまっている

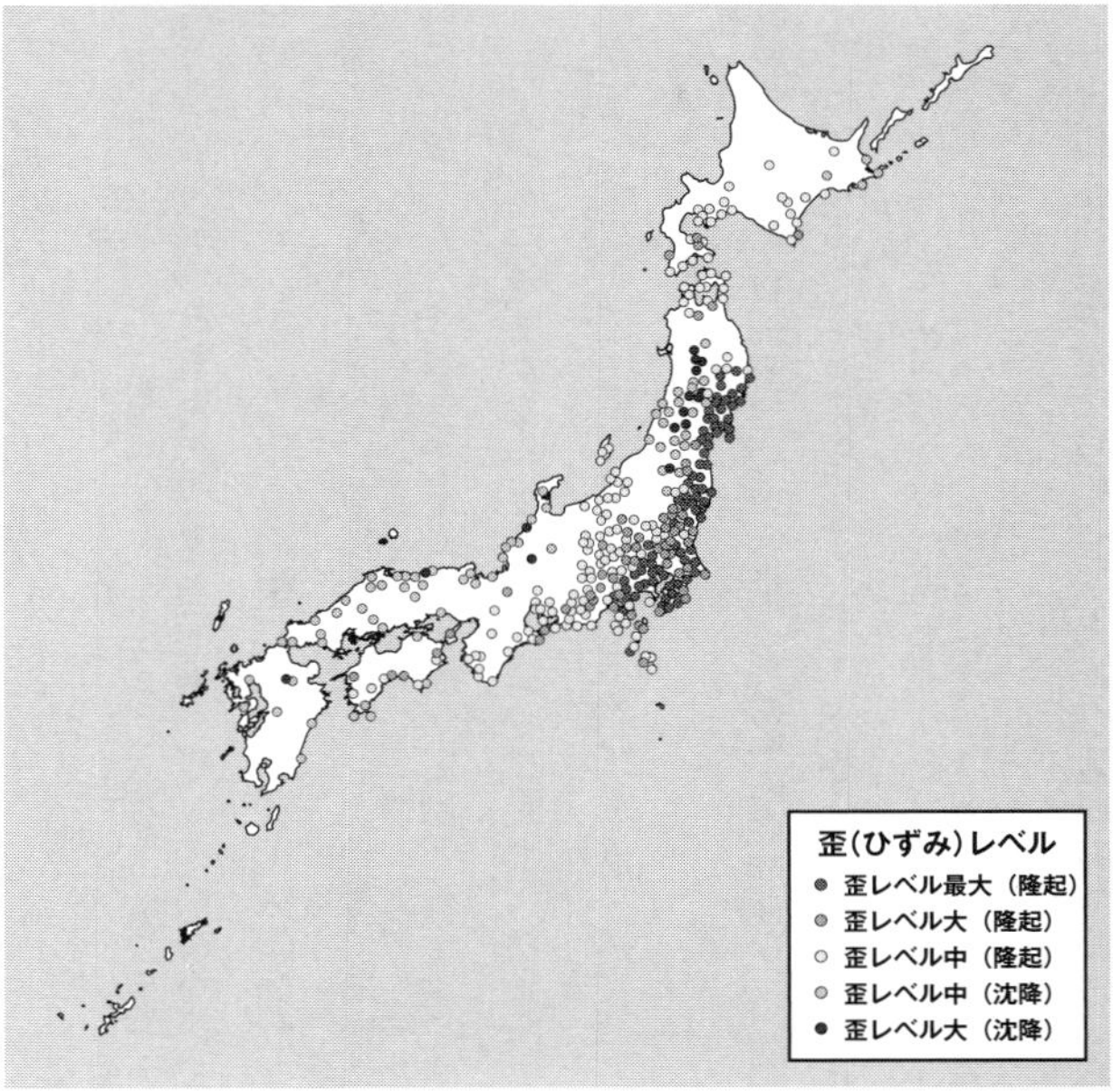

九日のメルマガで、「首都圏は要注視」と呼びかけた。

その一カ月後の、ゴールデンウィーク五月五日に、伊豆大島近海でマグニチュード6・0、最大震度5弱の地震が起きたのである。あの三・一一を思い起こさせるような大きな揺れが関東地方を襲い、中でも東京の中心地、千代田区の揺れが一番激しかった。震源は伊豆大島近海であったが、まさに首都圏を揺らした地震であった。

この地震の震源は深さ一六二キロメートル。地震学者は、地下深くで起こる地震の予兆が地表を見るだけで分かるはずがないという。確かに鳥島近海地震ではキャッチすることができなかったが、「累積変位」の解析方法を新たに加えたことで、震源の深い地震の異常もとらえることが可能になったのだ。

この地震と、約一週間後に首都圏で起きた地震（最大震度4）を的中させ、「週刊ポスト」が「またも当たった！」と記事にしてくれたので、ここでも世間の関心を大いに引くことになったが、私としては、当たった成果よりも、新しい解析方法によって異常を見極めることができた喜びのほうが大きかった。

しかし、こうした週刊誌の記事がきっかけで人々が地震の予測に関心を持ち、メルマガを購読してくれれば、日々日本列島がいかに動いているか、そして地震を生むひずみを育てているか、理解してもらえると思う。何度も言うが、地震にはさまざまな顔がある。その顔を見極めるには、さらにまだ改良の努力が必要だ。

●「一斉変動」で「要注意」を出した沖縄本島北西沖地震（二〇一四・三・三）

地震のがん細胞を見極める「累積変位」に関連づけて伊豆大島近海地震を先に紹介し、時系列が前後したが、二〇一四（平成二六）年三月三日五時一一分に、沖縄本島北西沖を震源とする、最大震度4の地震が起きている。深さは約一二〇キロメートル。震度はさほど大きくはなかったが、マグニチュードは6・6と、地震の規模では二〇一四年に日本国内で起きた三番目に大きい地震であった（一二月一〇日現在）。

この沖縄の地震の約三カ月前に、我々は異常をとらえていた（図19「沖縄の一斉変動」）。沖縄県の北谷《ちゃたん》町に四センチ以上の異常変動が見られ、ほかの沖縄にある電子基準点がその前の週に比べて、二、三センチではあるが、一斉に同じベクトルに動いていたからである。第一章の三・一一の前兆現象の解析でも説明したが、「同じ日に多数点が一斉変

【図 19】沖縄の一斉変動

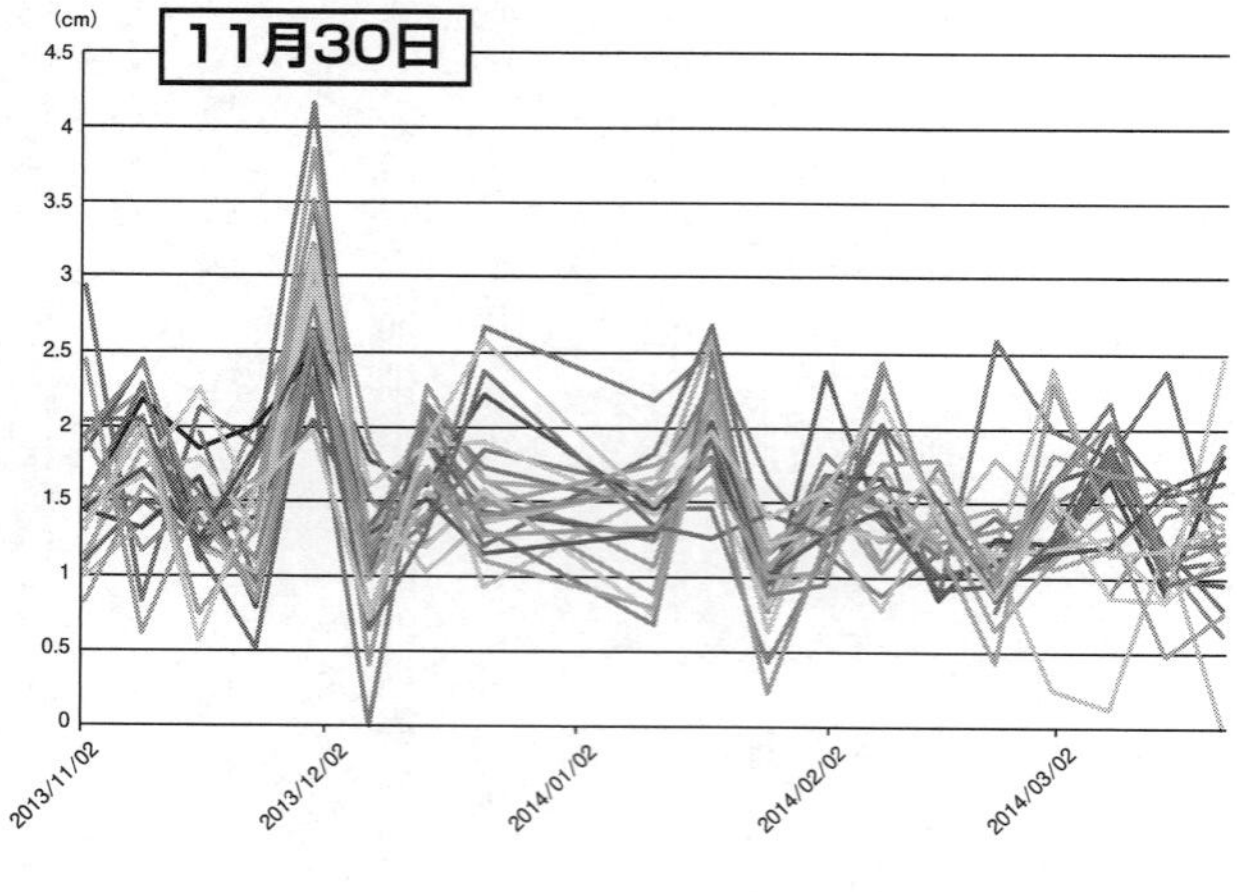
(cm)
11月30日
4.5
4
3.5
3
2.5
2
1.5
1
0.5
0
2013/11/02
2013/12/02
2014/01/02
2014/02/02
2014/03/02

動する」現象は、大きな地震が起こる危険サインである。

異常変動の量は大きくなくても、我々は「一斉変動」という異常現象のほうの危険サインに重きを置き、二〇一三年一二月一八日号のメルマガで沖縄地方へ注意を促した。三カ月以内に、ある程度大きな規模の地震が来ると予測したのである。

そして、やはり沖縄の電子基準点の一斉変動は、三カ月後に起きたマグニチュード6・6の地震の前兆であったのだ。

当たったか、当たらなかったかという判定では、これは当たったということになるのだろうが、ＪＥＳＥＡとしては、そこを強調するつもりはない。一人でも多くの人が、自分が住んでいる地域の危険サインを認識し、いざというときにパニックにならず、迅速に行動できるようになる。そのことが我々の活動の最大の目的だと思っているからである。

●六カ月前に「一斉変動」が見られた伊予灘地震（二〇一四・三・一四）

二〇一四（平成二六）年三月一四日午前二時六分に発生した、伊予灘を震源としたマグニチュード6・2の地震に関しては、すでに第一章でも解説した。震源の深さは七八キロメートル、愛媛県西予市《せいよし》で最大震度5強を観測した。この伊予灘地震の予測も、電子基準点のデータの「一斉変動」によって、危険を察知できたのである。

繰り返すが、伊予灘地震の前兆は、本当に東日本大震災のパターンと酷似していた。二〇一三年の六月末から七月はじめに九州、四国、紀伊半島で異常な地殻の変動があった後、伊予灘地震が起きるちょうど半年前、二〇一三年九月一日からの一週間にかけて九一〇もの観測点で四センチ以上の変動が確認された。不吉な一斉変動である。

さらに一〇月、翌年の一月と、九州と四国地方で隆起と沈降の動きがあり、その後は静謐《せいひつ》状態が続いたが、二〇一二年一月から計算すると、一〇センチ以上隆起している場所がある。かなり危険なサインである。地震の一カ月ほど前には、震源にほど近い高知県の平野部や沿岸部で隆起や沈降が確認されたことで、私は、メルマガで南海地方への地震の注意を促していたのである。

地震の規模としては、我々が予測していたものよりはるかに小さかったが、三月に私が出演したテレビの番組で「三月末までに南海地方に来ます」と宣言し、それが的中したことで、大きな反響を呼ぶことになった。

南海トラフ地震に関しては、現政府が最も警鐘を鳴らしている地震の一つで、皆さんの関心は非常に高い。週刊誌の扱い方も非常に扇情的で、最大三〇メートルを超える津波が発生し、予想犠牲者は三〇万人を超えるなどと人々の恐怖をあおる形で書きたてているが、先述したように、統計や確率計算では地震は予測できないものだ。さらに付け加えれば、我々は、南海トラフ地震や首都直下地震といった、人々の関心が集まる特定の地震を予測しようとしているわけではない。

地震の規模（マグニチュードで表される）や震源地を予測しているのではなく、あくまで地表が揺れる地域と震度（揺れの度合）の予測を目指している。地震大国である日本に住む人々が、地震と賢く付き合うには、こうした日々の情報が最も重要だと思うからである。

●御嶽山噴火の前兆か？　飛騨地方群発地震（二〇一四・五〜）

序章でも触れたが、二〇一四年九月二七日に起きた御嶽山噴火は、火山の噴火によるものとしては戦後最大の犠牲者を出した最悪の災害となった。

ＪＥＳＥＡでは、電子基準点のデータから、飛騨地方、甲信越地方の異常をとらえていた。二〇一四年の二月と五月に、この地域の電子基準点の二〇点近くに一斉に異常が見られ、同時に、飛騨地方に群発地震が発生したからである。

最初の二月の観測時点では、電子基準点の異常は降雪が原因かとも思われた。この時期、甲信越に二週続けて週末に雪が降り、一メートル以上の積雪が見られたからだ。電子基準点のデータは、積雪にも感知する。しかし、雪が原因の異常値であれば、溶けるまで数値は動かないが、このときは一日でもとに戻った。この地面のくしゃみのような現象が二月に起き、五月には小さな地震が多発していた。そこでメルマガで「特集・岐阜、長野県境に群発地震」と特集を組んで、この地域の人々に注意を促したのである。

その後も、群発地震は収束せず、我々は明らかに異常を感じていた。

やや専門的な話になるが、マグニチュードが1違うと、エネルギーは三二倍違ってくる。マグニチュードが2違えば、三二の二乗で、およそ一〇〇〇倍違う計算になる。群発地震というのは、せいぜいマグニチュード3か4なので、マグニチュード6の地震とは二桁《けた》もエネルギーが違う。したがって、群発クラスの地震が一〇〇〇回起きてやっとバランスがとれるわけである。

ということは、群発地震が数十回起きても、そこでエネルギーが拡散されて大きい地震が来ないという保証はまったくない。もちろん、以前、松代や伊東で起きた地震で群発で終わったものもある。しかし、過去にそうであったからといって、今回の群発地震が大きな地震の予兆ではないとは言い切れない。

二月に二回基準点の一斉変動があったことから、一過性の群発地震では終わらないだろう。飛騨地方、甲信越、新潟の一部にかけて、おそらくマグニチュード6以上、震度5以上の地震が起きてもおかしくないと予測し、めったに出さない「要警戒」地域として、メルマガで配信していた。と同時に、この地域の活火山の動向にも注意を向け、浅間山の噴火にも注意を呼びかけていた。ちょうど本書の取材が八月にあり、九月、一〇月に大きな異変があるという見解も述べていた。

その後も、御嶽山噴火の直前まで、メルマガで飛騨、甲信越への警戒を呼びかけ、地震に関するコラムでは御嶽山の噴火の歴史まで紹介していたのだ。しかし、そこまで危険サインに近接していたにもかかわらず、御嶽山噴火の予測には至らなかった。

あらためて御嶽山に一番近い王滝の電子基準点の日々の高さの変動を調べてみると（図20「王滝のグラフ」）、二〇一四年の二月八日と一四日に異常な沈降を示し、その後しばらく静謐状態が続き、六月九日から一三日にかけて四センチを超える異常沈降があった。その後も四センチ程度の異常変動が頻発していた。おそらくこれが火山噴火の前兆であったと考えられる。

さらに、御嶽山周辺に平年の三倍を超す雨量があったのが、水蒸気爆発のトリガー（引き金）になったと思われる。

こうした災害が起きると、非常に悩ましく、苦しい思いに駆られる。噴火に巻き込まれた犠牲者のことを思うと深い悔恨を禁じ得ない。

地震予測は、本当に精神的にタフな仕事である。忍耐もいる。御嶽山噴火の惨事は、我々の気持ちを再び引き締める教訓となった。

【図 20】王滝のグラフ（御嶽山噴火の前兆）

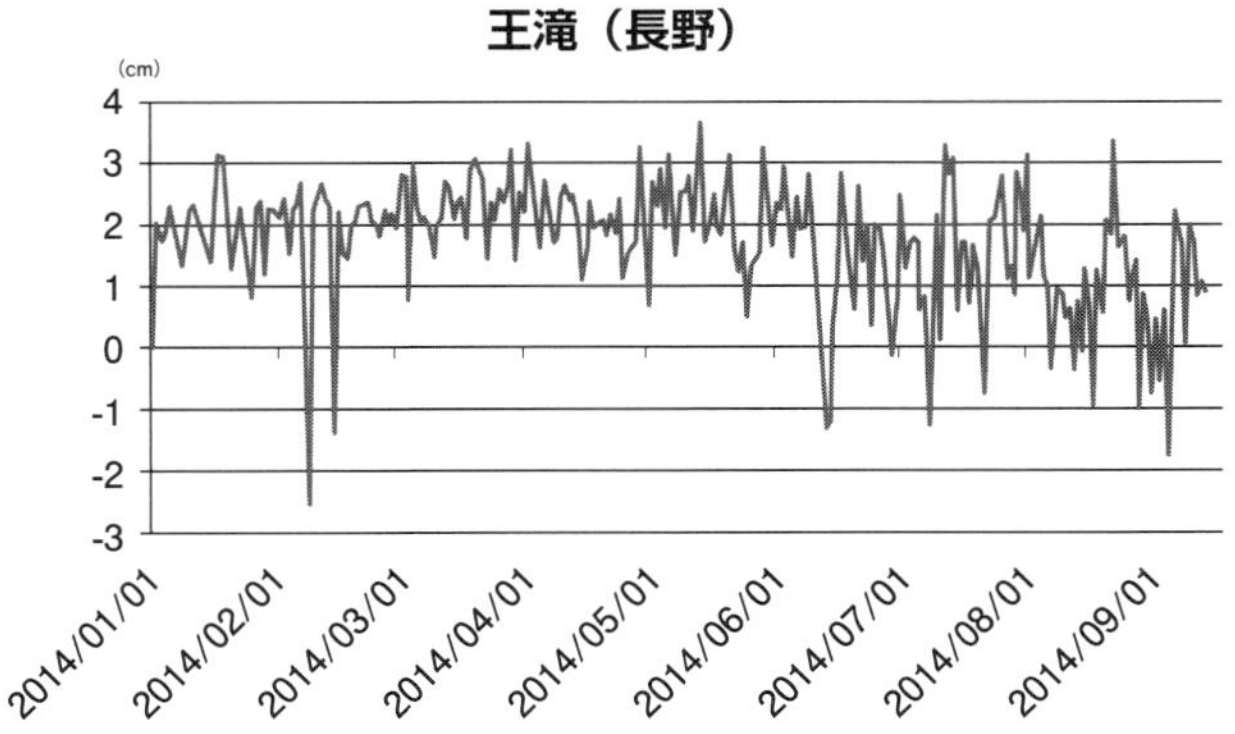

・北海道石狩南部地震（二〇一四・七・八）

飛騨地方の群発地震とときを同じくして、北海道の電子基準点でも異常変動が続いていた。函館を中心に、青森県から道南にかけて、異常値がついたり消えたりを繰り返していたのである。最初はあまりに大きな変動なので、データに何か不具合があるかと思うほどであった。これは東日本大震災の検証研究でも明らかになったことだが、東北地方でも青森県だけは岩手や宮城とは別の特徴的な動き方をしているのである。青森県は東北地方の動きに連動するのではなく、むしろ北海道とつながった動きをする。このことは基準点の動きを見ていると非常によく分かる。

何度も繰り返される異常値から、ＪＥＳＥＡでは、道央を中心に注意を呼びかけていた。それが二〇一四（平成二六）年七月八日一八時五分ごろに起きた、石狩地方南部を震源とするマグニチュード５・６、最大震度５弱（白老町《しらおいちょう》）の地震である。大きな被害はなかったが、このときは、北海道に緊急地震速報も出たようである。

・長野県北部地震（二〇一四・一一・二二）

二〇一四（平成二六）年一一月二二日、長野県北部を震源とするマグニチュード6・7、最大震度6弱の大きな地震が起きた。

飛驒地方群発地震の項でも触れたように、JESEAでは、同年二月二六日号のメルマガで複数点に週間異常変動が現れたことから「甲信越地方は要注意」とした。四月三〇日号では白馬の電子基準点に異常値が出たため、引き続き「甲信地方は要注意」とした。五月七日号からは関東甲信越を「要警戒」とし、九月三日号まで「要警戒」を続けた。その中の主な記事として、八月六日号のメルマガから採録しておこう。このとき掲載した週間異常変動図（図21「2014年7月10～19日　週間異常変動図」）には、震源に近い白馬でも、七月一二日から一六日までのわずか五日間で、八・三センチも沈降したことが示されている。

この地域（甲信越飛驒地方）は続けて要警戒を呼びかけてきました。この地域では2月に2度異常変動が見られたことと、群発地震が起きたためです。今回もこの地域では長野県の駒ヶ根で10・4㎝の異常変動が見られました。長野県で4㎝超の

【図 21】2014 年 7 月 10 ～ 19 日　週間異常変動図

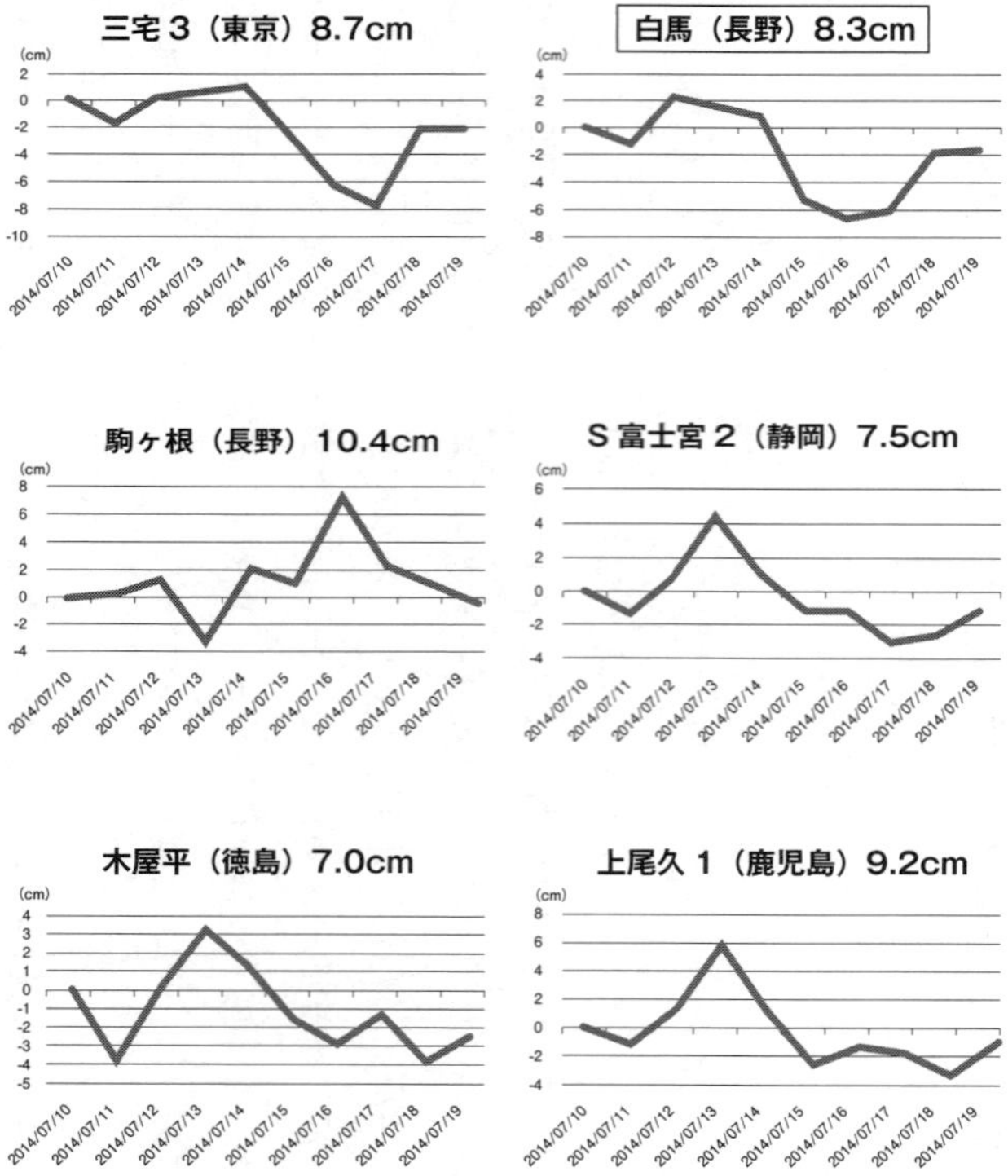

異常変動点の数は15点もありました。群馬県で6点、山梨県で4点の異常変動点がありました。地震が起きる可能性が一番早いと考えられます。群発地震で済むとよいのですが、心の準備はしておいたほうがよいでしょう。

その後、九月三日に栃木県北部地震（最大震度5弱）が発生し、同二七日には御嶽山が噴火したため、ある程度エネルギーが解放されたと解釈して「要注意」に引き下げ、一一月一二日号まで「要注視」を継続した。

この長野県北部地震は、前兆が出た後の静謐期間中にも群発地震や御嶽山噴火があったことから非常に難しい予測となり、結果的に、地震が起きた前週までしか注意喚起できなかった。さらに精度を上げ、静謐期間を十分に考慮して予測しなくてはならないと思わされたケースである。

最近の日本の隆起・沈降の傾向

東日本大震災を軸に、その前後に起きた大きな地震に関して、前兆がどう現れたかを解説してきた。

メルマガの要警戒・要注意を「震度5以上」に絞っているのは、当然ながら、被害が出やすく、命に関わる災害の規模を基準に考えてのことだ。東日本大震災の余震も含め、震度3、4以下の地震は多発している。

こうした人間が感知できる地面の揺れ以外にも、地表は毎日、微妙に上下左右に動いている。普通に生活している中ではこうした地表の動きは人間には分からない。しかし、地震予測のために電子基準点のデータを分析していると、日本列島のどこもかしこもが歪んでいる、そして歪みつつ動いていることを、日々実感させられる。

いま、日本列島に何が起きているのか、最近のデータから日本の隆起・沈降の傾向をまとめてみよう。

震災で一一〇センチも沈降した宮城県

地表がいかに動いているか。宮城県が非常に象徴的である。

この二〇一〇（平成二二）年から二〇一四年までのグラフを見ると一目瞭然《りようぜん》だが（図

22「宮城県の隆起・沈降」）、二〇一一年三月一一日の地震で、牡鹿が約一一〇センチ沈降、つまり地面が以前より低くなっているわけだ。国土地理院の発表は一・二メートルだが、電子基準点のデータからは一・一メートル沈降と出ている。二番目に沈降したのが女川で八五センチ、その次が志津川、気仙沼《けせんぬま》と続いて六、七〇センチ沈降している。つまり太平洋側が、大震災によって地面が落ち込んでしまっているということだ。

私が不思議に思うのは、現在宮城県では、沈降したこのあたりに津波除《よ》けの堤防をつくろうとしているのだが、地面が沈降していることをまったく計算に入れていないことだ。たとえば七メートルの高さの堤防をつくったとしても、実際は五・八メートルの高さにしかならない。これでは五、六メートルの津波でも、防ぎ切れないだろう。

さらにいえば、その広大な堤防がどんな地盤に立てられるのかということにも、行政はいっこうに関心がないようである。ここ最近の動きでいうと、一度沈降したところが隆起し始めているのである。場所によって違うが、女川や気仙沼など、沈んだ地面が二〇センチ以上隆起する傾向を見せている。

戻っているならいいではないかと思う人もいるだろうが、上下左右に動いている地表は

【図 22】宮城県の隆起・沈降
2010 年 1 月から 2014 年 7 月 9 日
（2009 年 1 月第 1 週を基点）

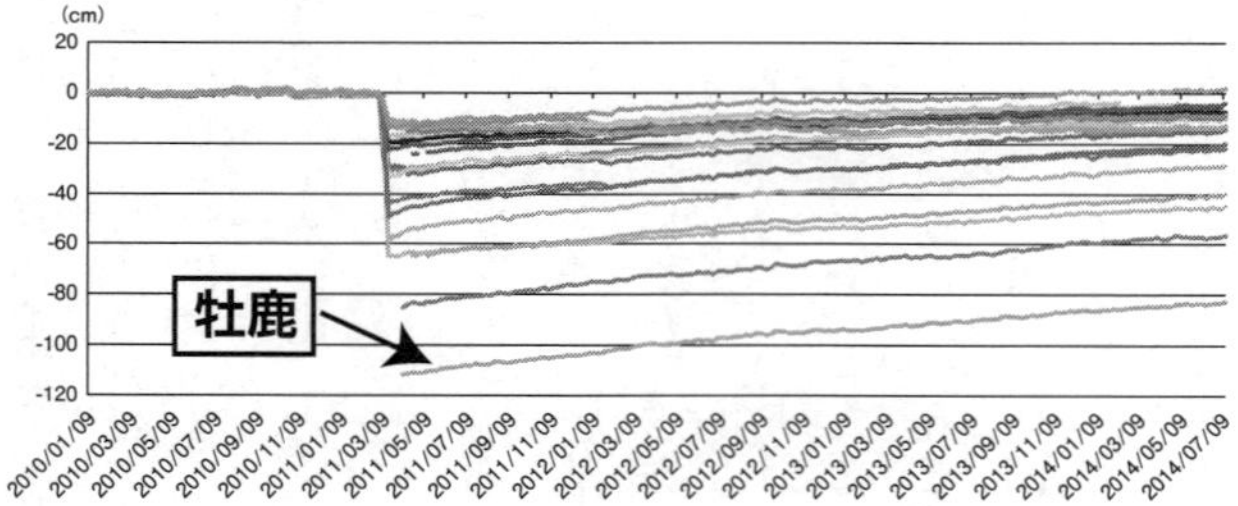

同じようには戻らない。傾斜も隆起の速度も違う。その証拠に、宮城は沈降したものが隆起しているのに、福島は沈降した後の隆起の速度は小さい。すると、福島と宮城のあいだにひずみが出てくることになる。

「累積変位」の説明でも指摘したが、沈降や隆起をゆっくり繰り返しながら、こうしたひずみがたまっていき、それがまた地震のエネルギーとなる可能性が高いのである。東日本大震災の余震が、宮城、岩手や福島でずっと続いているのも、隆起・沈降によるずれやひずみが原因だと我々は考えている。

累積変位で見ると、大震災以来、東北、関東の太平洋岸にはまだ相当のエネルギーがたまっている。

二〇一四年一〇月一五日にも、宮城県沖を震源とするマグニチュード4・5、最大震度4の地震が発生したが、日常的に中小の地震が頻発しているので、要注意である。

山形・秋田は一度隆起して沈降へ

今度は東北地方の日本海側、秋田と山形を見てみよう。三・一一の地震のときは、東北地方全体が傾斜したかのように、太平洋側が沈んで山形や秋田の日本海側が隆起していた。ところがいまは、沈降の現象を見せ始めている。つまり、宮城とは逆の現象が起きているということなのだが、すべて沈降しているかというとそうではない。

とくに山形は顕著で、酒田市の有人島・飛島は隆起しているのに、山形の内陸部、新山などは沈降している。このまちまちな動きが、新たなひずみを引き起こしているのである。

（図23「山形県の隆起・沈降」）

青森と連動している北海道

青森県と北海道が連動する動きを見せていることは、二〇一四（平成二六）年七月に起きた石狩南部地震の解説で述べた。青森と函館一帯の動き方が非常に似ており、石狩南部の地震の前は青森県に異常変動が現れていた。石狩南部の地震の後も、津軽半島、下北半島に異常変動が見られ、さらに対岸の北海道・道南の七飯《ななえ》で五センチ以上の変動があったので、メルマガでは注意を呼びかけている。

【図 23】山形県の隆起・沈降
2010 年 1 月から 2014 年 7 月 9 日
(2009 年 1 月第 1 週を基点)

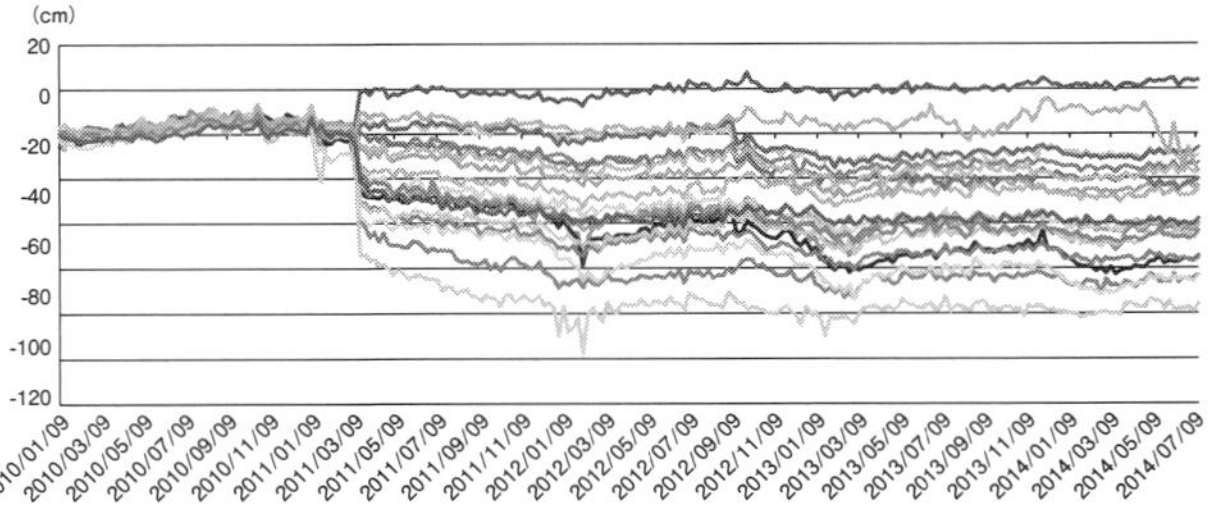

（図24「北海道道南の隆起・沈降」）

（図25「青森県の隆起・沈降」）

ドカンと沈んで隆起している茨城県も要注意

震災以降、茨城県、千葉県も大きな地震が多発している地域だ。茨城も宮城と同じパターンで、ドカンと沈んで、その後隆起している場所である。

（図26「茨城県の隆起・沈降」）

震災以降の傾向でいえば、一番沈んだ場所が一番速いスピードで隆起を開始しているのだが、その中で隆起をせず逆に沈降する部分があるということは、そこにまた新たなひずみが生じる。繰り返しになるが、常に上下左右に動いている地表が「正常な位置に戻る」ということはない。茨城で大きな地震が多発しているのも、大震災によって沈んだ地表が一定ではない、不安定な隆起・沈降の動きの中で新たな地震のエネルギーをためているからである。

【図 24】北海道道南の隆起・沈降
2010 年 1 月から 2014 年 7 月 9 日
（2009 年 1 月第 1 週を基点）

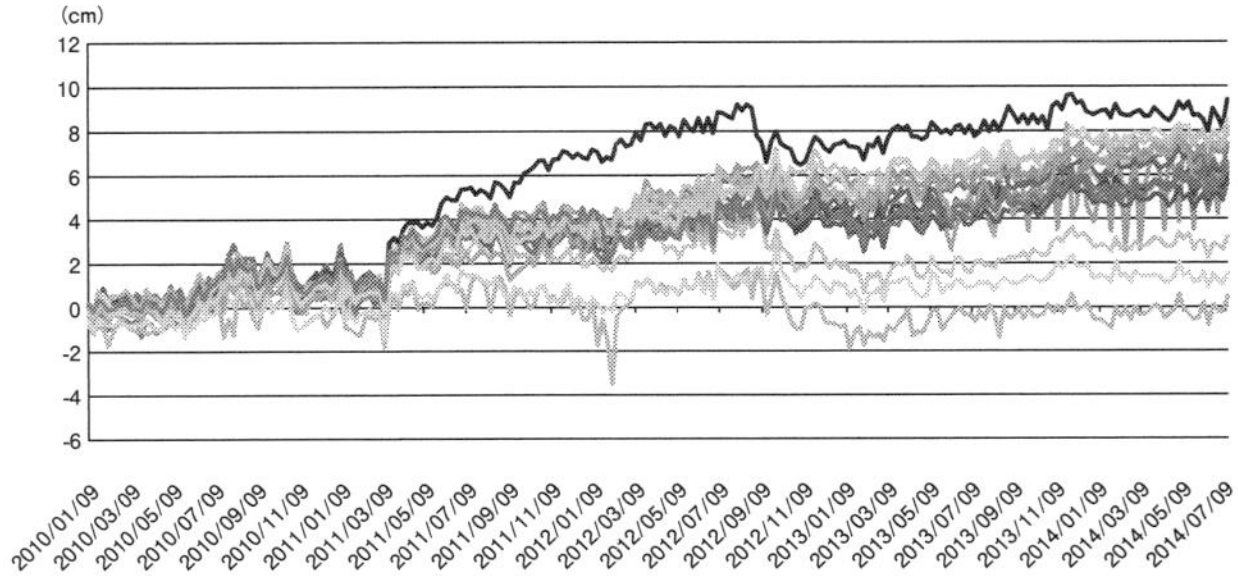

【図 25】青森県の隆起・沈降
2010年1月から2014年7月9日
(2009年1月第1週を基点)

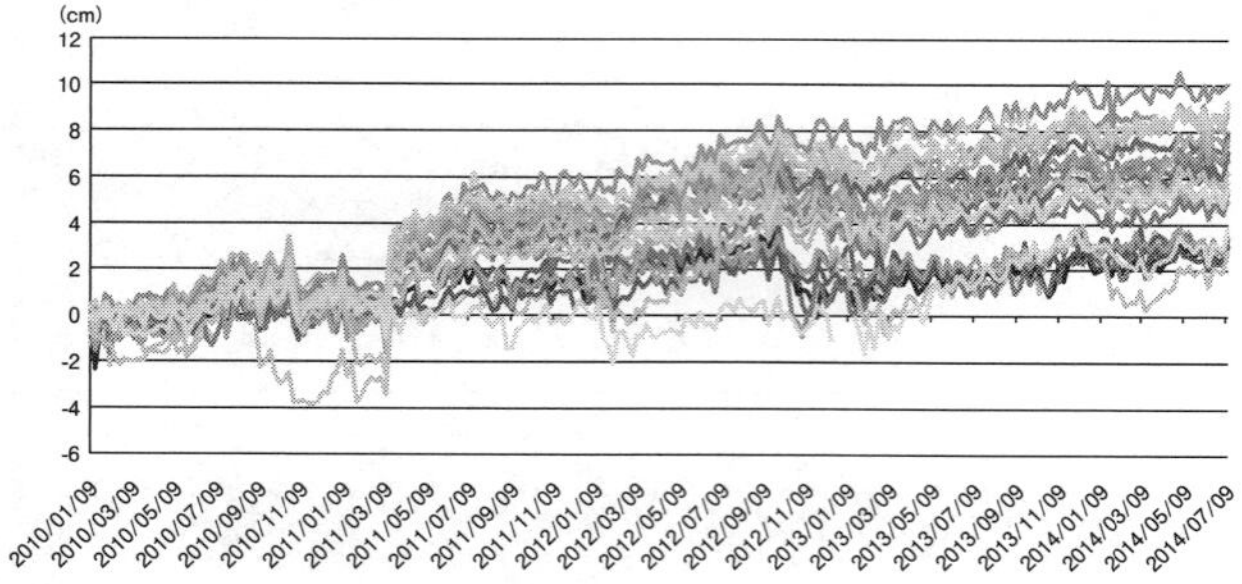

【図 26】茨城県の隆起・沈降
2010 年 1 月から 2014 年 7 月 9 日
(2009 年 1 月第 1 週を基点)

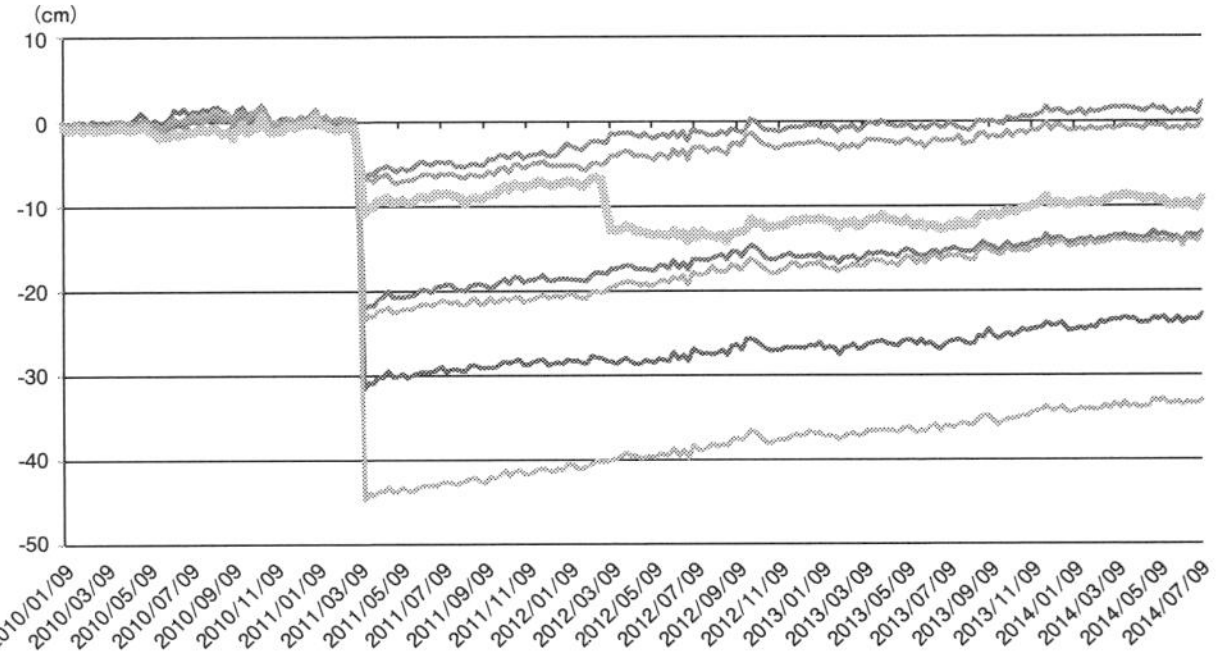

愛媛は大洲に注目、兵庫は淡路島の西淡が急激に隆起・沈降

愛媛県と兵庫県は、二〇一四（平成二六）年の七月あたりから、危険な動きが加速している地域と見ている。

（図27「愛媛県の隆起・沈降」）

（図28「兵庫県の隆起・沈降」）

二〇一二年一月を基点として、愛媛県の大洲が五センチ以上の隆起を見せている。怖いのは、このすぐ近くに伊方原発があることだ。いまは休止しているが、稼働をしていなくても原発には核物質がある。大きな地震が起これればどんな事故につながるか、それこそ予測できない。

そして、我々が注目した地域が、兵庫県だ。とくに淡路島の西淡は、二〇一四年の七月あたりから急激な隆起を見せ、対岸の神戸北では異常な沈降を示した。果たして八月二六日に最大震度3の大阪湾地震（震源は淡路島東岸）が起きた。九月に入ると西淡は急激な沈降をし、神戸北は隆起をしてもとに戻ったので、この時点で要警戒を解いた。予測より

【図 27】愛媛県の隆起・沈降
2014 年 1 月から 11 月 15 日
(2012 年 1 月第 1 週を基点)

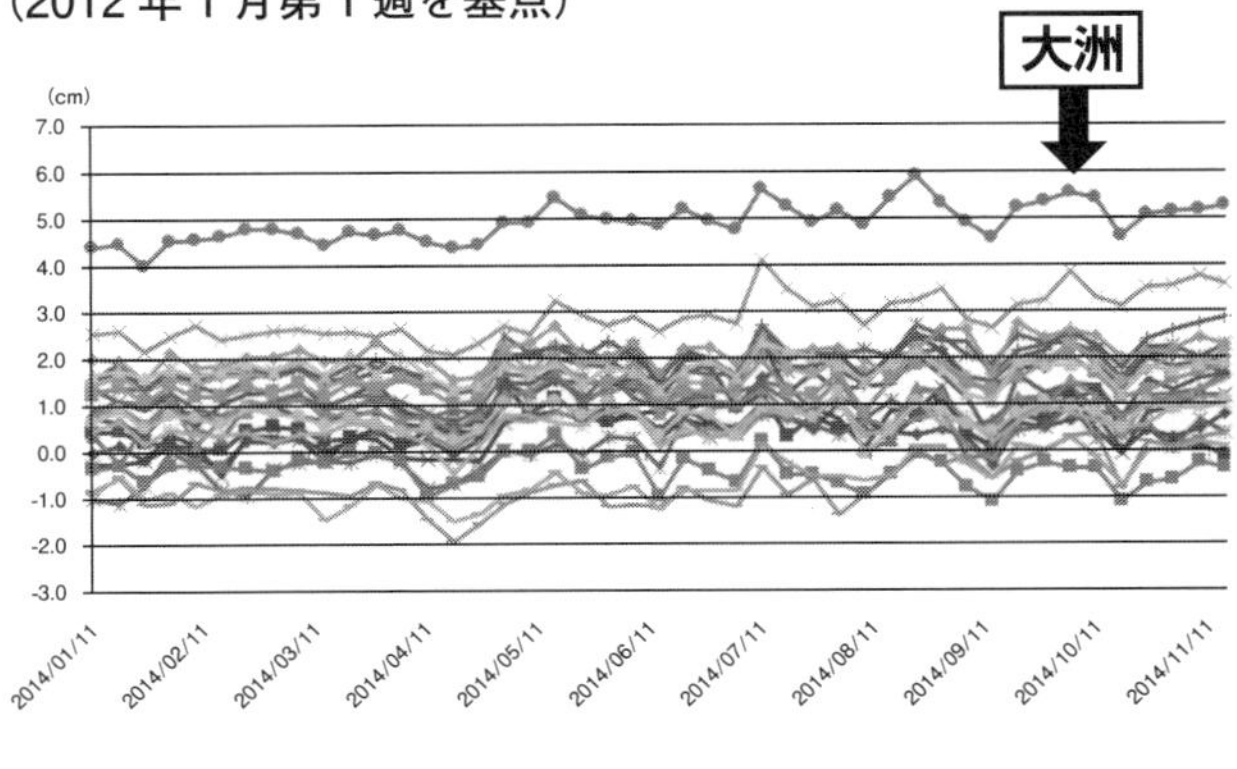

【図 28】兵庫県の隆起・沈降
2014 年 1 月から 9 月 6 日
(2012 年 1 月第 1 週を基点)

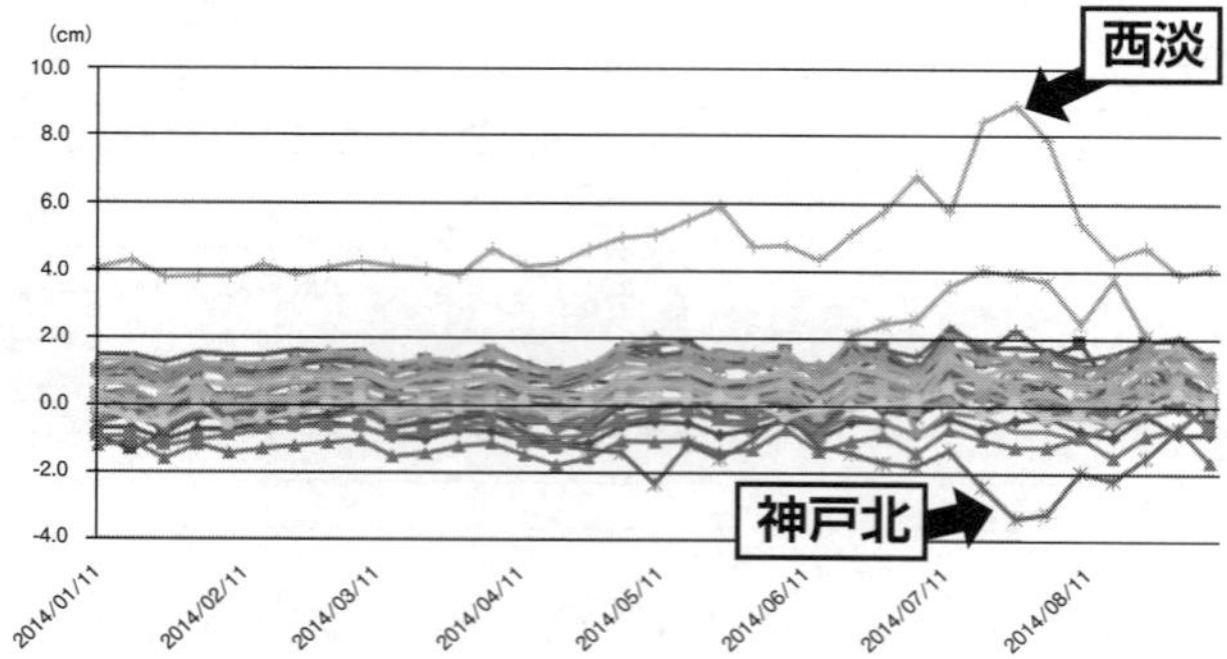

規模は小さかった。

二〇一三年四月一三日、我々がＪＥＳＥＡのメルマガ配信を始めてすぐに、淡路島付近で、マグニチュード6・3の地震が発生している。兵庫県淡路市で震度6弱、南あわじ市で震度5強を観測した地震だが、この地震の二、三カ月前から、和歌山県の広川が異常な隆起、沈降の乱高下を示していたことで、我々はこの地域周辺に地震への注意を促していた。淡路島はこの広川から五〇キロメートル圏内にある。このころは、まだ解析方法がいまほど充実していなかったが、震源近くで最も敏感に動く地点の地盤の乱高下から、地震を予測したわけである。

日本列島全体から見てみると、淡路島を中心に、その近辺、和歌山県、徳島県、播磨灘《はりまなだ》、豊後《ぶんご》水道あたりまで、一斉に異常な動きがあり、隆起・沈降の傾向があるので、今後もこの一帯を注意深く見守っていきたい。

鹿児島県串木野の異常隆起は桜島噴火の前兆

鹿児島県というのは、地表の動きを観測している我々にとって、非常に興味深い地域である。ご存じのように、いまも活発な噴火を続けている桜島を有している県だが、桜島が爆発するときの前兆現象として、串木野の電子基準点が異常に隆起するというパターンを見せる。爆発が起きると、一度隆起した地面がスーッと沈降するのである（図29「**鹿児島県串木野の隆起・沈降**」）。最近は、同じ鹿児島県の鹿屋《かのや》も桜島爆発に連動した動きを見せた。突然隆起を始め、これは何の前兆かと監視していると、上げ止まったところで桜島の噴火が起きている。火山の噴火にこの二点の地域が敏感に連動しているようである。長年の検証で分かったことだが、火山系の前兆現象は、噴火近くの地域の異常隆起が特徴である。

御嶽山噴火の解説でも述べたが、火山活動、とくに噴火があると地震が誘発されやすい。至近な例でいえば、二〇一四（平成二六）年八月三日に、鹿児島県屋久島の西にある口永良部島《くちのえらぶじま》の新岳（標高六二六メートル、屋久島町）が三四年ぶりに噴火したのだが、その直後に奄美《あまみ》大島でマグニチュード5・7の地震が起きている。

地震と火山活動は連動しやすいので、鹿児島県はもちろん、日本列島全域に点在する火山の動向、そしてその周辺の地表の異常な動きには注意が必要である。

また、とくに心配なのは、桜島の噴火に敏感に反応するかのように隆起・沈降を繰り返

【図 29】鹿児島県串木野の隆起・沈降
2013 年 1 月から 2013 年 12 月
（2012 年 1 月第 1 週を基点）
8 月 18 日に桜島の爆発的噴火が発生
噴煙は史上最高の約 5000 メートルまで上がる

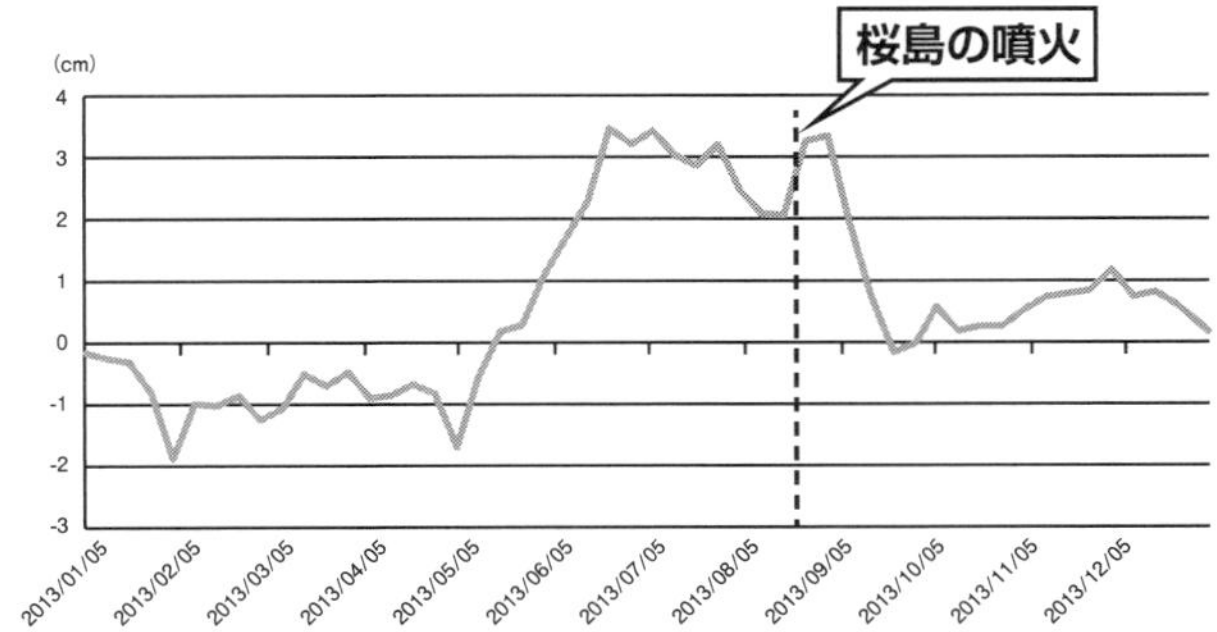

す串木野のすぐ近くに、再稼働が検討されている川内《せんだい》原発があることだ（二〇一四年一一月七日、原子力規制委員会による安全審査合格を受け、鹿児島県知事が再稼働に同意した）。何度も言うように、地震は断層のあるなしにかかわらず、さまざまなトリガーで誘発される。近年では年間一〇〇〇回以上噴火することもあるという活火山を抱えるこの地に立つ原発は、揺れ動く地表を日常的に見ている我々からすれば、危険きわまりない存在に思えてならない。

日本で一番動いているのは硫黄島

意外に思うだろうが、日本で一番動いているのが、小笠原諸島の南端近くにある硫黄島である。東京都に所属しているが、東京からはおよそ一二〇〇キロメートルも離れており、いま硫黄島で地震があっても、あまりこちらには害が及ばないので、皆さんそれほど関心がないのだが、年間二五センチのスピードで隆起し続けている活火山の島である。火山噴火をしながら隆起を続けているわけだ。

この硫黄島にも電子基準点がある。この電子基準点は常に異常値を示し、危険信号を点灯し続けている。硫黄島は昔から隆起し続けていて、昭和三〇年代の教科書にも「年間二五センチ隆起しています」と書かれていたが、その当時は現地での水準測量で測っていたものが、いまはこうして電子基準点のみで動向が分かる。伊豆火山帯や富士火山帯との連動を関連づける人もいるが、硫黄島の動きが日本列島にどう影響するかはいまのところ分からない。データの異常の動向を監視することが、まずは先決だ。

不気味に隆起を続ける富士山、東京もゆっくり隆起

最近「富士山噴火」の可能性が騒がれているが、最後に、富士山の隆起・沈降の動向について紹介しよう。

富士山は、長い期間にわたって隆起を続けている。長い期間隆起し続けているということは、ゆっくりエネルギーがたまってきているということだ。二〇一四（平成二六）年のゴールデンウィーク五月五日の伊豆大島近海地震で首都圏が大きく揺れたとき、その直前の四月三〇日に富士山の基準点のデータが一度だけ異常に跳ね上がった（図30「富士山の隆起・沈降」）。

【図 30】富士山の隆起・沈降
2010 年 1 月から 2014 年 7 月 9 日
(2009 年 1 月第 1 週を基点)

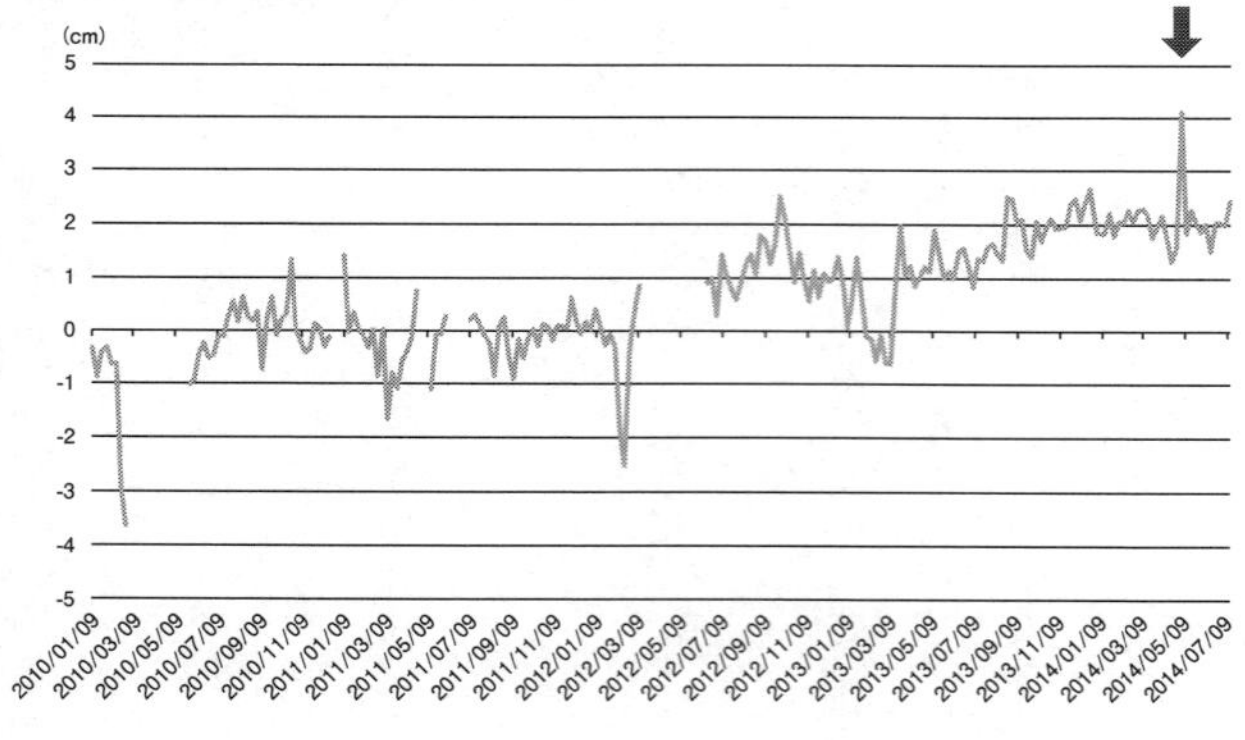

首都直下地震も皆さんの大きな関心事だが、東京に関していえば、徐々に徐々に隆起し続けている。前にも述べたが、東京では断層が見えづらい。しかし、地震は断層のある場所だけに起こるものではない。隆起や沈降のひずみをためて、そのひずみが閾値を超えたときに地震の起きる可能性が高いということを、我々は検証研究で把握している。だから、長い期間にわたってのさまざまな視点からの監視が必要なのである。

限定されたところだけ見ていると足をすくわれる!

こうして日本列島の隆起と沈降の傾向を見てくると、いかに日本の地表が動き続けているかがお分かりいただけたかと思う。

御嶽山噴火があってから、ここ最近、また「富士山大爆発」「南海トラフ地震」「東海地震」「首都直下地震」などについての特集を、メディアがこぞって取り上げるようになってきた。

しかし、あえて苦言を呈せば、そうした話題の場所ばかりに注意を向けていると、足をすくわれますよと言いたい。我々が、日本列島のホームドクターだとすれば、南海トラフや東海だけでなく、患者の全身は至るところ傷だらけで、どこが致命傷になるか分からないからである。その傷が悪化する前に、さまざまな症状から前兆をとらえ、できる限りの命を救いたいというのが、私の正直な思いである。

日本列島はどこもかしこも歪んでいて、しかも地表は目に見えず絶えず動いている、ということを目の当たりにしていると、やはり原発の存在は最大の危惧《きぐ》である。「原発反対」を声高に唱えるつもりはないのだが、地震の少ない韓国などの安定した地盤に比べ、我が国の地盤はじつに不安定きわまりない。極論をいえば、ここなら原発を建てて安全という場所は、日本にはないに等しい。

大震災の津波による福島の原発事故だけでなく、二〇〇七（平成一九）年の新潟県中越沖地震（マグニチュード6・8）では、柏崎刈羽《かしわざきかりわ》原発で多数の事故が発生し、火災も起き、日本中を震撼《しんかん》させた。先に述べた伊方原発も川内原発も、地震によるこうした被害が出ないか、稼働の行方が心配である。

さらにいえば、核燃料の廃棄物を最終処理する場所も、同様である。フィンランドが地下深くに頑健な廃棄物処理施設をつくっているが、あの国は地盤が非常に固く安定している。日本ではいかに深く地中に埋めようが、岩手・宮城内陸で起きた地震のように、崩落や地滑りで山が半分消失するような地震が起こる風土なのだ。

富士山というのは日本を象徴する山だが、我々にとってみると、フィリピン海プレート、北米プレート、ユーラシアプレートの、ちょうど交点に当たる場所である。こうしたプレートに囲まれ、すぐ目前の相模トラフは、日本列島が位置する陸のプレートの下に、南方からフィリピン海プレートが沈み込んでいる場所である。

つまり、日本は世界で一番深い海の崖っぷちに立っている国なのだ。そして、我々日本人は、日々微動を繰り返す、その超不安定な崖っぷちで暮らしている住人なのである。

そのことを原発関係者を含め、日本の人々にも、もっと認識してほしいと願っているのだが——。

第三章　「予知」は無理でも「予測」はできる

地球はグローバルに動いている

第二章では、人々が感知できる地震以外にも、いかに毎日日本列島が動き続けているかについてご説明した。隆起・沈降を繰り返す日本の地表は、一見穏やかに見えて、じつは新たな地震を起こすひずみをゆっくりとため続けている。そうした「満身創痍《そうい》」の列島のホームドクターとしては、いつ、どこでそのエネルギーが閾値を超えて地面を揺らすか、本当に油断のならない国だと思っている。

もちろん日々動いているのは日本列島だけでなく、地球の地表もまた動き続けている。衛星測位システムで観測すると、地球がいかに軟らかいか、そして国境を越え、海を越えて地表がつながっているかが分かる。

二〇〇四（平成一六）年に起きたインドネシア、スマトラ島沖地震（マグニチュード9・1）や、二〇〇八年の四川大地震（マグニチュード7・9〜8・0）では、大変な数の犠牲者が出たが、こうした北半球で起きた巨大地震でも、南半球のオーストラリアやニュージーランドの地表が事前に動いているのが観測されている。

最近の例を挙げれば、二〇一四年四月一三日、ソロモン諸島でマグニチュード7・6の地震が起きたが、そのおよそ三週間前から、日本の南鳥島の電子基準点が異常な動きを見せていた。一日に上下方向に八センチも動いていたのである。我々ＪＥＳＥＡでは、四センチ以上の動きを要注意と考えているので、これは非常に大きな変動である。その動きが、ソロモン諸島での地震後はぴたりと止まった。

南鳥島の電子基準点は、日本の領土で唯一太平洋プレートにある。震源地とは四〇〇〇キロメートル以上も離れた地点だが、同じプレート上にあるので、引きずられる形で動いたのだろうと考えられる。

よく言われるが、震源が深いほど、地震波は遠くまで伝播《でんぱ》する。一九八五（昭和六〇）年、メキシコで起きたマグニチュード8・0の大地震では、メキシコシティーで一万人もの犠牲者が出た。震源は三五〇キロメートル以上離れた太平洋沖だったにもかかわらず、遠くからやってきた地震波がこれだけの被害を出したのである。メキシコシティー一帯が湖を埋め立てた水分の多い脆弱《ぜいじゃく》な地盤である一方で、湖底の岩盤が固いため、地震波の反射と増幅によって、地面が液状化現象を起こしたことが被害を大きくした。

震源が遠いからといって地震は侮れない。第二章でも紹介したが、二〇一四年五月、遠く離れた伊豆大島近海震源の地震が東京都千代田区を一番揺らしたし、二〇一三年九月の鳥島近海地震では、埼玉県、茨城県、栃木県などの七県が大きく揺れた。このときは地下四〇〇キロメートル近い深い震源であった。

津波はジェット機並みの速度で到達する

東日本大震災では、地震そのものよりも津波による被害のほうが大きかった。地震によって生じる津波も脅威である。その意味でも、いまは世界規模での監視が必要不可欠だ。映像で津波の動くさまを見ると、ゆっくり巨大な波の山が動いているように見えるが、実際にはジェット機並みのスピードで動いているのである。

一九六〇（昭和三五）年に起きたチリ地震では、本震発生から一五分後に約一八メートルの津波がチリ沿岸部を襲い、平均時速七五〇キロで伝播した津波は、約一七時間後にはハワイ諸島を襲っている。チリから一万七〇〇〇キロメートル離れた日本にも、約二二・五時間後には到達した。

地球の一周は約四万キロメートルだが、ほとんど地球の反対側にある国で起きた地震で発生した津波が、二四時間もかからず時速八〇〇キロ近いスピードで襲ってくるのだ。地震の多い日本に住んでいても、これほど津波が速いということを知らない人は多い。波の伝播の仕方は、もちろん海が浅くなればスピードが遅くなるのだが、その代わりに津波が高くなる。つまり、浅い沿岸部に近づくにつれて、津波の山が巨大化するのである。

先述した二〇〇四（平成一六）年のスマトラ島沖の巨大地震では、この地震によって生じた津波がインドネシア、タイ、インド、スリランカなどの沿岸を襲い、津波による死者が二十数万人から三〇万人にのぼったといわれている。対岸のスリランカは震源から一五〇〇キロメートル離れているのだが、たった二時間で到達してしまった。単純計算でも一五〇〇÷二で、時速七五〇キロ、まさにジェット機並みのスピードで伝播することがお分かりいただけるだろう。このときは、はるかに離れたアフリカのケニアまで津波が到達している。

ということは、地震のない国であっても、よその国で巨大地震が起きれば、海でつながっている限り、安心はできないということである。

日本とハワイは毎年六センチずつ近づいている!

大陸はゆっくりと移動しており、我々が住む日本とハワイは毎年六センチずつ近づいている、ということをご存じだろうか。いまやそんな動きも先端の測量技術で分かるようになっている。

大陸移動説が受け入れられたのは、それほど昔のことではない。一九一二(大正元)年に「大陸移動説」を提唱したのは、ドイツの地球物理学者のヴェゲナーだが、この新しい発見は当時の地質学者などから、専門外の学者の異説として批判を浴びた。新しい発見に対する専門家の縄張り意識や中傷は、ずっと異端者扱いを受けてきた私にも経験があることだ。

その後、一九六〇年代に「プレートテクトニクス」(プレート理論ともいい、地球の表面は何枚かの固い岩盤で構成されており、そのプレートに乗って大陸も動いているという地球科学の学説)が登場したあたりから、大陸移動説はようやく受け入れられるようになった。ほんの数十年前のことである。

現在、大陸移動説は、超長基線電波干渉法（ＶＬＢＩ）と呼ばれる宇宙天文観測技術でも実証されている。

我々が地震予測を行っている電子基準点を使う地球の測量方法は、地球の外にある人工衛星を使うのに対し、ＶＬＢＩは、地球の外にある動かない恒星を使って地球を測量するものだ。ともに、測量の先端技術といえる。

やや専門的な話になるが、ＶＬＢＩは、数十億光年の遠くにある電波星（クエーサー）から来る微弱な電波を二カ所に設置した大直径のアンテナで受信し、その時間差を原子時計で精密に計測する。この時間差から、三角形の原理を用いて二箇所のアンテナの距離に換算することができるのだ。

世界では、米国、欧州を中心にＶＬＢＩ局が設置され、日本にも、直径一〇メートルから最大六四メートルのＶＬＢＩアンテナが一五カ所ほど設置されている。二〇一四年の時点で二一カ国が国際ＶＬＢＩ事業に参加し、この観測網を形成している。

さて、この観測網を使うと、日本とハワイが毎年六センチずつ近づいていることが分かる。茨城県つくば市にある国土地理院が設置したアンテナと、ハワイにあるＶＬＢＩ局とのあいだで測られた距離（約五七〇〇キロメートル）が、毎年六センチずつ短くなっているのだ。

日本とハワイの現在の動き方を見ると、年間、ハワイが日本方向（西方向）に一〇センチずつ移動しているのに対し、日本は中国方向（西方向）に四センチずつ移動している。この差で互いの距離が六センチずつ縮まってきているというわけだ。この比率で近づいていくと、計算上は一億年たつとハワイは日本と合体することになる。では、日本が中国にくっつくかというと、その可能性は低い。中国もまた別方向に数センチずつ動いているからだ。

こうした地球のわずかな動きも先端の測量技術で観測できるようになり、大陸移動説が実証可能になったのである。

世界に分布しているＶＬＢＩのあいだの距離の変動を調べると、プレートの大まかな動きを知ることができる。さらにＶＬＢＩの観測網が充実すれば、密な間隔で地球の動きが測量でき、将来の地震予測に役立つことは間違いない。

もちろん地殻の変動、地下の異変は複雑で、プレートの動きだけで分かるものではない。

だからこそ、地域ごとにきめ細かく設置されている電子基準点のデータを、日々観測し、解析することが地震予測には重要なのである。

メルマガの「警戒」「注意」「注視」の読み方

東日本大震災の危険サインを公表できなかった後悔から、地震予測の後追い検証をやめ、二〇一三（平成二五）年にＪＥＳＥＡを立ち上げて、二年が経過しようとしている。この間、我々は本当に試行錯誤の連続であった。

週刊で配信している「週刊ＭＥＧＡ地震予測」のメルマガの誌面も、どうすれば読者に分かりやすく伝わるか、改良を重ね、その一方でデータの解析方法にも新しい方法を加えるなど、努力を重ねてきた。

中でも一番悩んだのは、地震予測の注意をどう人々に伝えるかという点だ。最初は単純に短期予報と中期予報、つまり時期的に早く来るか、ある程度時間がかかるかという分類で情報を出していたが、短期で出したものが遅れたり、中期に分類したものが意外に早く来てしまったりと、そう単純にはいかないことが分かった。

議論の末、二〇一四年、やっといまの情報の出し方に落ち着いた。
「※地震は極めて複雑な自然現象なので前兆が現れてから地震が発生するまでの期間は、地震の規模、震源の深さ・場所、地震の種類、異常変動点の分布・頻度などにより数か月のズレが生じることがあります」という注釈をつけたうえで、次のように分類した。

「要警戒」……震度5以上の地震が、ほぼ一カ月以内に起きる可能性がきわめて高い
「要注意」……震度5以上の地震が、一カ月〜三カ月程度の期間に起きる可能性が高い
「要注視」……震度5以上の地震が、三カ月〜六カ月程度の期間に起きる可能性がある

「要警戒」は、よほど危険な前兆現象がない限り、めったに出さないが、二度のはっきりした異常変動のあった甲信越飛騨地方など、明らかに大きい地震が来るだろうという予測ができたときは、「要警戒」で注意を促した。「警戒」という言葉を使っても、一カ月以内に地震が起きない場合もある。しかし、一カ月以内に来ない場合でも、一度「警戒」を出したときは、取り下げたりしない。それをすると、もう収まったのかと誤解されてしまう

からだ。一度出した情報には責任を持ち、地震が来るまで「要警戒」を解かないという姿勢でやっている。

逆に、異常変動の解析から、「要注視」から「要注意」へ、「要注意」から「要警戒」へと切り替えたことは何度もある。

すでにご説明したように、地震予知というのは、いつ、どこでどれくらいの規模の地震が起きるか正確に言い当てて警報を出せるレベルのことだ。しかし、いまの段階では地震予測にそうした明快な境界線は引けない。それができるのであれば、我々もすべて「要警戒」として情報を出す。

しかし、ＪＥＳＥＡのこうした経験が三年、五年、一〇年と蓄積されていけば、過去の例を参考にさまざまな学習を重ね、予測の時間的な精度は確実に上がると思っている。

日本列島の歪みはマップとゾーンで紹介

メルマガの誌面構成も試行錯誤を重ねてきたが、基本的な構成を紹介すると――。

・「**週間異常変動図**」……国土地理院の電子基準点のデータを二週間遅れで七日分公開。各地点の七日間で最も高い値と低い値の差が四センチを超えるものをマップに記し、「注意」「警戒」の対象としている（黒＝変動七センチ以上、赤＝変動五センチ以上、黄＝変動四センチ以上）。

たとえば、二〇一四年一〇月一日号では、こんな異常変動を紹介した。

今回は４㎝超の週間異常変動を示した点が5箇所、そのうち５㎝超の異常変動の地点が2箇所ありました。全国的に静謐（せいひつ）ですが、静謐のあとは要注意です。特に、最近異常変動が発生していた地域は注意してください。
４㎝超の地点を下記に示します。単位は㎝です。
福島県　二本松　６・83
北海道　上富良野　５・67
山形県　遊佐　４・97

東京都　母島　4・49
高知県　物部　4・31

飛騨・甲信越は要注意

長野県の山ノ内は他の電子基準点に比べて突出して隆起しております。また、王滝と高遠の沈降が大きい値です。御嶽山の噴火を考慮しますと引き続き要注意です。

伊豆半島・伊豆諸島・神奈川県は要注意

全体的に沈降傾向です。富士山に近い山梨県の上九一色と南部で8月16日に異常沈降していました。静岡県沿岸部の榛原、浜岡1、静岡3および西部の湖西で一斉沈降しております。引き続き要注意です。

東北地方奥羽山脈地帯は要注意

今回も山形県の遊佐で4・97㎝の異常変動がありました。遊佐は乱高下していますが今の時点では電子基準点の不具合なのか、異常値なのかは判断できない状態ですが、引き続き要注意です。

北海道道北は要注視

今回上富良野で週間異常変動がありました。上富良野は4㎝前後の隆起をしていましたが、6月14日に2㎝急激に沈降したあと4㎝台に再び隆起しています。念のため要注視です。

●**「隆起・沈降図」**……一年または二年前の高さからどの程度、隆起・沈降しているかを分析。地域ごとに注意を促す。たとえばこんな具合だ（二〇一四年一〇月一日号）。

今回は北海道、東北を除き、全国的に沈降傾向です。

淡路島周辺は要警戒

兵庫県の淡路島にある西淡および淡路一宮は7月に急激な隆起をしていたのが今は急激な沈降を示しております。その差は西淡で5・7㎝、淡路一宮で4・5㎝です。一方、沈降をしていた神戸北は沈降のピークから3・5㎝も隆起しました。要警戒レベルです。

南西諸島は要警戒

沖縄の全点は7月5日の週に一斉沈降を示してから全体的に沈降傾向です。引き続き要警戒です。

東北・関東の太平洋岸は引き続き要注意

太平洋岸は東日本大震災以来隆起傾向が続いていましたが、最近横ばい状態です。しかし、まだ相当のエネルギーが貯まっていますので要注意です。

四国、九州東岸および瀬戸内は要注意

全体的に沈降です。徳島県の木屋平は際立って沈降しており今回で−2・4㎝になりました。四国の高知県の伊野はこの1か月で1・5㎝沈降しました。愛媛県の大洲も1・3㎝沈降しました。広島県の御調（みつぎ）が際立って沈降を示しており、2年8か月前と比較して、−3・2㎝になりました。要注意です。

長崎県は要注意

長崎2の電子基準点は2012年1月から−4・2㎝と異常な沈降です。1点のみですが、念のため要注意です。

石川県、福井県などの日本海側は要注視
大きく沈降しています。念のため要注視です。

●「日本列島累積変位マップ」……二〇一四年三月から、新たに日本列島累積変位マップを三カ月に一度紹介し、長い期間にどのくらい異常や歪みがたまっているかを、マップのゾーンでそれぞれに解説（以下は二〇一四年九月二四日号より。マップは八九ページ参照）。

根室地方ゾーン
まとまって沈降を示しております。この地域は小地震が起きています。

道南および青森県ゾーン
まとまって隆起しています。すでに今年石狩南部を震源とする震度5弱の地震が発生しております。

東北・関東太平洋岸ゾーン

この地域の太平洋岸は東日本大震災で大きく沈下した地盤が急激に隆起しています。震災以来地震常襲地帯になっております。震度5弱の地震も発生しております。

奥羽山脈・日本海側ゾーン

太平洋岸とは対照的に沈降しております。地震発生の可能性はあると解釈しております。

首都圏ゾーン

3月の累積変位図では首都圏は赤い点（「変位レベル最大」の印）が多数付き、5月5日に東京都千代田区で震度5弱の地震がありました。今回赤は付いていませんが今後の動きを注視します。

甲信越ゾーン

新潟県、長野県、山梨県などを含むこの地域は隆起しております。小中の地震が多発しております。

東海・伊豆半島・伊豆諸島ゾーン

太平洋岸に沿って隆起と沈降が混在しています。御前崎周辺と八丈島以南の伊豆諸島は沈降しております。

北陸日本海側ゾーン

富山県、石川県、福井県、京都府、滋賀県、岐阜県などは主として沈降傾向にあります。琵琶湖の東側が隆起しているのが気がかりです。

四国・紀伊半島・九州太平洋岸ゾーン

隆起と沈降が混在しています。四国と紀伊半島の岬部は沈降しております。宮崎県の日向灘沿岸も沈降しております。

中国地方ゾーン

日本海側も瀬戸内も沈降傾向にあります。四国の動きと連動している可能性もあります。

九州ゾーン

九州全域が沈降傾向です。今後の監視を強化します。

南西諸島ゾーン

沖縄周辺は沈降傾向です。最近異常変動が繰り返されています。

このほか、とくに要警戒の地域には、地震予測の具体的な情報をトップで扱い、注意を促すようにしている。データ的な情報だけでなく、皆さんに少しでも地震予測の測量技術や、地震の起こる複雑なシステムを理解してもらえるよう、さまざまな特集や地震に関するコラムを組んでいる。見やすさ、情報のボリュームに関しては、これからもさらに改良を進めていこうと思う。

これほどの地震大国に住む皆さんに、少しでも地震に対する知識を蓄えてほしいからだ。

やる気を支える読者の声

こうした地震予測の情報を発信していて、一番気になるのは読者の反応である。ときにご注意やご批判をいただくこともあるが、ＪＥＳＥＡに届く会員読者の声のほとんどが、私の日々の活力になっている。東日本大震災以来、大きな地震が怖い、自分だけでなく家族や大切な人の命に関わる災害だと強く認識する人々が増えたのか、非常に熱心に誌面を読んでくださっていると思う。

利用者の声で一番多いのが、「毎週地震情報が届くので、心の準備ができる」「科学的なデータ、グラフなどの説明で、理由なき恐怖がなくなって、かえって安心感が増した」「自分の住んでいる場所、働いている場所の異常変動を常に意識できて、役に立つ」というもの。こうした声がすでに一〇〇〇通近く届いている。

印象的なものをいくつか紹介させていただこう。

「私の両親、親戚のほとんどは宮城県に住んでおり、石巻市で被災した親戚家族も複数おります。毎週メルマガを見ることで、地震への恐れと備えを忘れないようにしたいと思いつつ、半分は恐る恐るメールを開いています。私は千葉に住んでいますが、大学で勉強した地学が、ここにきてこんなに役立つとは思っていませんでした。日本の国土はこれほどまでに変動しているのですね」

「私は、神奈川県の西湘地区に住み、東京に通勤しています。湘南地方はまっ平らで、津波が押し寄せたときの被害は甚大です。迫りくる『その瞬間』に備えることで、何とか生き延び、また地域の被害を最小限にしたいと切に願っています」

「毎週の地表変動を見ていると、地球が生きていることを実感させられます」

「福岡の警固断層地震（二〇〇五年三月二〇日、玄界灘から博多湾まで分布する警固断層の横ずれにより発生したマグニチュード7・0の福岡県西方沖地震）を経験しました。今春娘が警固断層直上の中学校に通うことになり、地震の情報がとても欲しいと思っていた矢先に、メルマガの存在を知り、勉強しています。メディアや気象庁の情報を受け身で聞くだけでなく、実際のリアルな情報をいただけるのはとても有難く感じています」

「こんなにいろんな場所が動いているなんて、まったく知りませんでした。知っていると知らないとでは大違いです」

「地震がないことを望むより、地震があることを真摯《しんし》に受け止め、行動できるようになりたいと思うようになりました」

「社内での防災意識向上と危険予測に使用する目的で登録しました。購読後のデータとして注意喚起された地域の地震発生の予測の精度に驚いております」

「私は静岡県沼津市に生まれ育ち、小学校のころから東海地震、津波を意識しています。東日本大震災の後、警戒警報を出すことによる社会的影響のリスクの大きさを考えれば、地震予知は不可能だという報道も、納得せざるを得ないと思っていました。

しかし、もし予兆が観測されているなら、後出しではなく、先に観測情報が欲しいと思います。今回の村井教授の勇気ある行動に感謝します。子供たちには、『いつ地震や津波に遭遇するか分からない。緊急時には、いかに自分の命を守るか、常に頭において。絶対津波で命を落とさないでね』と話しています」

「三月一四日の豊後水道あたりが震源地だった地震（伊予灘地震）では、事前に地震予測のレポートを読んでいたおかげで、落ち着いて対処できました。中国地方は安全だと周囲の人たちは思っているようですが、レポートで変動幅が大きいことを知りました」

地震がよくある地域、そうでない地域に住んでいる方からも、全国津々浦々から参考になる意見、励まされる声がたくさん集まっている。「知ることは大きな安心」と聞くと、ここまで手弁当で頑張ってきた苦労が一瞬で報われる気がする。測量工学を長年研究してきたことから、「分かりやすく説明する」ことより、つい専門的なレクチャーになってしまうことも多々あるのだが、皆さんの勉強意欲に、いつも驚かされている。

このＪＥＳＥＡでのメルマガ配信を始めてから、地震大国に住む日本人の意識が少しずつ変わってきているのを、日々実感している。いたずらに災害を恐れるのではなく、前向きに情報や知識を得て、自分も周りの人々の命も守るのだという心意気を感じ、胸が熱くなる思いである。

豪雪、潮汐《ちょうせき》、火山、ダム、鉱山採掘……地殻変動の原因はほかにもある

地震予測の活動をやっていると言うと、よく「的中率はどのくらいか」と聞かれる。お役所には占い扱いされたが、私たちは、予測が当たった、外れたということに一喜一憂はしない。的中率にも関心はない。電子基準点に異常値が出たら、地震の前兆を含む何らかの異変があると見て、それを分析して発表しているのである。

確かに、二〇一四（平成二六）年に起こった大きな地震のほとんどの予測に成功しているが、予測が外れることもある。異常を察知してメルマガで配信し、地震は起きたが、震度5以上にはならず、震度1や2だったこともある。飛騨地方、甲信越にずっと警戒を呼びかけながらも、残念ながら御嶽山噴火の予測はできなかった。

しかし、言い訳ではないが、予測が外れることにも、理由がある。電子基準点が異常値を見せる地殻の変動は、地震の前兆だけではないからである。

火山活動や満潮・干潮の潮汐、豪雨、豪雪、鉱山の採掘、ダム、トンネル工事、地下水のくみ上げなどの影響を受ける場合もある。最近は石油燃料に代わる資源として、海外で

はシェールガスの採掘が行われているが、これはかなり危険だと私は考えている。地表をかなり乱暴にいじるわけで、数値を変動させるだけでなく、地震を起こすトリガーになりかねない。

穴を掘って地中深くに廃棄物を捨てる、ダムを建設して貯水する、こうした人工的な作業が地震を引き起こすこともあるのだ。中国の四川省の大地震も、中国のある学者は三峡ダムの影響だと言い切っているほどだ。実際いま、中国が世界一のダムだと自負する三峡ダム近くの斜面が崩落し、非常に危険な状態になっている。地球の地盤というのは、それほど頑丈なものではないのだ。むしろ軟らかく、敏感で、いろいろなことに影響を受けやすいのである。

一〇〇〇年も地震のなかった神戸にあれほどの地震が起きた。その原因が、六甲山を掘り崩して空港にしたこととまったく関係がないかというと、そうは言い切れない。江戸時代は江戸で異常に地震が多発していたが、東京湾の埋め立てが始まったのは江戸時代からである。そこかしこでやっていた埋め立て工事が地震のトリガーになったと考えても不思議ではない。

そんなこと証拠がないじゃないかと言われればその通りで、あくまで推測にすぎない。しかし、大規模土木工事をはじめ、現代人のやっていることは非自然的なことばかりで、その挙句に、いま、異常気候変動も起きているのだ。その意味では、人間の営みはとてつもない影響を地球に及ぼしていると考えるほうが自然だろう。

私たちは予測が外れることを恐れない——だからあらゆる可能性を排除しない

そう考えると、地殻の変動をもたらすものは無数にある。しかし、異常値が出ているのに、地震以外の影響だろうと思い込んで発表せずに、大地震で多くの犠牲が出てしまうことだけは絶対に避けなければならない。だからこそ、私たちは予測が外れることを恐れないし、あらゆる可能性を排除しない。その姿勢だけは一貫させているつもりだ。

豪雨・豪雪、火山、ダム、資源採掘……数値を変動させるあらゆる影響を排除せず、その中から大地震の前兆を見極めることが最も重要だと考えている。地震の情報だけでなく、そうした異常値を出すトリガーになりかねない事象、事柄についても、メルマガではできるだけ丁寧に、説明していきたいと思っている。

メルマガに寄せられた読者の声にもあったが、本当に地球は生きているのである。季節変動も大きい。冬は縮まり、夏は膨らむ。まさに地球は呼吸をしているのだ。

その呼吸の様子が、先端の測量技術で、いまや手に取るように分かるようになった。その表情から、いかに内部を読み解くか。今後さらに、地震予測の精度や範囲を広げていきたいと考えている。

おわりに

最終原稿のチェックが終わって脱稿するばかりのいま、一人感慨にふけっている。

荒木春視さんに誘われて測位衛星を使った地震予測の研究を始めてから、一三年がたつ。最初の一〇年は前向きの予測ではなく、大きな地震が起きるたびに、どのような前兆があったかを後追いでひたすら検証し続けた。そして、顕著な前兆が見られた地震について荒木さんと連名で論文を発表したが、誰からも注目されることはなかった。海外でも英語で論文を発表したが、面白いと言われたことはあるが注目を浴びることはなかった。

本文で述べたように、橘田寿宏さん、谷川俊彦さんとの出会いがあって、二〇一三（平成二五）年一月に地震科学探査機構（ＪＥＳＥＡ）を設立した。そして、二月から個人会員向けにメルマガを配信する事業を始めた。九月からは、自分流の本格的な全国版地震予測を始めることができた。さまざまな新聞、雑誌がＪＥＳＥＡの地震予測について記事を掲載してくれた。そのたび、私は手持ちのデータをできる限り提供した。テレビ局も何度か取り上げてくれた。メディアのおかげでメルマガの会員は増え、会社を維持できるまでになった。そして集英社が本書を出版してくれることになった。

だが、いまでも、測量工学が専門で地震の「門外漢」である私が、地震予測に取り組んでいることにはよほどの違和感があるらしい。「異端」「孤高」の東京大学名誉教授、といわれることもしばしばあるからだ。

私は二〇〇〇（平成一二）年に定年を迎えるまでの三四年間、東京大学生産技術研究所で写真測量及びリモートセンシングの研究に没頭していた。その研究者生活の中で、痛感したことがある。それは、社会が解決を要請している重大な課題に関する研究には、すべての研究者が取り組むべきであり、学問に境界線はない——ということである。

地震予測は、まさに「社会が解決を要請している」研究テーマであり、あらゆる研究者が取り組むべき課題であろう。とりわけ日本は地震大国であり、一人でも多くの人命を救うために地震予測に取り組むことは、日本人研究者の使命でもあると思う。

衛星測位技術に基づいた「地震の前に地球が微妙に動く様を、測位衛星により測量することで地震予測を行う」という発想は〝コロンブスの卵〟であった。地表に設置されている電子基準点から、地下数十キロで起きる地震を予測するのだから、常識の壁を打ち破るアイデアである。だがそれゆえに、プレート、活断層、トラフなどの研究をしてきた専門家にとっては受け入れがたい発想であるに違いない。

私は、地震学や地質学の重要性を否定するものではない。それらは地震のメカニズムを解明するための、大切な学問である。しかし、だからといって、地表の電子基準点の変動と地震発生という事象のあいだの相関分析から類推される地震予測の方法を否定する必要はないであろう。私は、従来得られてきた地震に関する知見と、新しい地震予測のアプローチを融合したいのだ。

最近はメディアだけでなく、さまざまな人たちの前で講演をして情報提供をしている。多くは「動く地球を測量する～地震予測の新しいアプローチ」という演題で、新しい地震予測の方法を理解してもらうと同時に、実際の地震についての検証を報告してきた。大人向けの講演会だけでなく、神奈川県大井町にある小学校の生徒と保護者、福島県の理科研究発表会に参加した高校生など若い世代を相手に話したこともあった。どの会場でも、活発な質問や意見が飛び交った。目を輝かせて「将来、地震予測をしたい」と熱望する生徒もいた。いかに地震予測が国民的関心事であるかが分かる。

メルマガの会員からも多くの質問を頂戴《ちょうだい》するが、すべて私がメールで回答している。素朴な疑問もあれば専門的な質問もある。また、お叱りや批判もあるが、素直に受け入れている。現時点での研究の限界や不明点は、本書でも正直に述べてきたつもりだ。地震予測をする場合、すべての言葉に根拠になるバックデータを含有していることが最も大切なことだと思う。したがって、予測が的中しなかった場合でも、一切、言い訳はしない。メデイアが「予測が的中した」と報道してくれても、地震予測はまだ研究の発展途上にあることを忘れてはいけない。信頼性と確実性は、まだ達成できていないのである。

なお、本書の制作時点と刊行される時点では、多少の時差が生じるであろう。地震は偶発性をもって刻々と発生するから、それによって新しい知見が得られていく。完全に「最新版」といえる検証成果を本書に盛り込むことはできない。しかし、地震予測に関する最も基本的な方法と過去の大地震の検証例は列挙している。また、本書で初発表となる検証成果を記載できたことは、私にとっても貴重な研究整理の機会となった。
最後に、編集を担当してくれた集英社新書編集部の千葉直樹氏、構成を担当してくれた宮内千和子氏の多大な手助けに対して感謝の意を表したい。内容をチェックしてくれたJESEAの橘田社長と、家内の村井妙子にも感謝したい。

二〇一五年一月

村井俊治

村井俊治（むらい しゅんじ）

一九三九年生まれ。東京大学名誉教授（測量工学）。公益社団法人日本測量協会会長。地震科学探査機構（ＪＥＳＥＡ）顧問。二〇〇〇年の定年退官まで、東京大学生産技術研究所教授をつとめる。現在、メルマガ「週刊ＭＥＧＡ地震予測」を発行中。

地震《じしん》は必《かなら》ず予測《よそく》できる！

集英社新書〇七七二G

二〇一五年一月二一日 第一刷発行

著者……村《むら》井《い》俊《しゅん》治《じ》

発行者……加藤 潤

発行所……株式会社集英社

東京都千代田区一ツ橋二-五-一〇 郵便番号一〇一-八〇五〇

電話 〇三-三二三〇-六三九一（編集部）
〇三-三二三〇-六〇八〇（読者係）
〇三-三二三〇-六三九三（販売部）書店専用

装幀……原 研哉

印刷所……凸版印刷株式会社

製本所……加藤製本株式会社

定価はカバーに表示してあります。

ISBN 978-4-08-720772-9 C0244

a pilot of wisdom

集英社新書　好評既刊

「謎」の進学校　麻布の教え

神田憲行　0758-E

独自の教育で「進学校」のイメージを裏切り続ける麻布。その魅力を徹底取材で解明！

国家と秘密　隠される公文書

久保　亨／瀬畑　源　0759-A

第二次大戦後から福島第一原発事故まで。情報を隠蔽し責任を曖昧にする、国家の無責任の体系の原因に迫る。

読書狂《ビブリオマニア》の冒険は終わらない！

三上　延／倉田英之　0760-F

ベストセラー作家にして希代の読書狂である著者ふたりによる、本をネタにしたトークバトルが開幕！

秘密保護法――社会はどう変わるのか

宇都宮健児／堀　敏明／足立昌勝／林　克明　0761-A

強行採決された「秘密保護法」の内実とそれがもたらす影響について、四人の専門家が多様な視点から概説。

騒乱、混乱、波乱！　ありえない中国

小林史憲　0762-B

「拘束21回」を数えるテレビ東京の名物記者が、絶望と崩壊の現場、〝ありえない中国〟を徹底ルポ！

沈みゆく大国 アメリカ

堤　未果　0763-A

「1％の超《スーパー》・富裕層《リッチ》」によるアメリカ支配が完成。その最終章は石油、農業、教育、金融に続く「医療《オバマケア》」だ！

なぜか結果を出す人の理由

野村克也　0765-B

同じ努力でもなぜ、結果に差がつくのか？　〝監督〟野村克也が語った、凡人が結果を出すための極意とは。

「おっぱい」は好きなだけ吸うがいい

加島祥造　0766-C

英文学者にしてタオイストの著者が、究極のエナジー・「大自然《タオ》」の源泉を語る。姜尚中氏の解説も掲載。

宇宙を創る実験

村山　斉／編著　0768-G

物理学最先端の知が結集したＩＬＣ（国際リニアコライダー）。宇宙最大の謎を解く実験の全容に迫る。

放浪の聖画家　ピロスマニ〈ヴィジュアル版〉

はらだたけひで　037-V

ピカソが絶賛し、今も多くの人を魅了するグルジアが生んだ孤高の画家の代表作をオールカラーで完全収録。

既刊情報の詳細は集英社新書のホームページへ
http://shinsho.shueisha.co.jp/

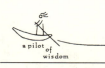